高职高专机电类专业规划教材

单片机技术与应用

（C语言项目式教程）

宋雪臣　单振清　主编
吴　炜　副主编
黄　彬　主审

化学工业出版社

·北京·

内 容 提 要

本书以C语言为编程语言,以程序开发软件Keil C和电路设计调试软件Proteus为学习工具,通过八个项目介绍了MCS-51单片机的结构、程序设计、中断系统及应用、定时器系统及应用、存储器及其扩展、单片机I/O接口扩展、单片机串行通信、单片机接口技术等,每个项目包括项目描述、知识准备、项目实施、拓展与提高、项目小结和项目训练六个环节,并免费提供电子课件、典型例题相关动画及Proteus仿真、习题参考答案等教学资源,以帮助教学和方便学生理解课程内容。

本书理论与实践紧密结合,内容丰富而精炼,文字通俗易懂,讲解深入浅出,适合作为高职院校机电一体化、电气自动化、电子、计算机以及相关专业的教材,对于单片机爱好者、工程技术人员等也具有参考价值和实用价值。

图书在版编目(CIP)数据

单片机技术与应用:C语言项目式教程/宋雪臣,单振清主编. —北京:化学工业出版社,2020.7(2024.1重印)
高职高专机电类专业规划教材
ISBN 978-7-122-36800-3

Ⅰ.①单… Ⅱ.①宋…②单… Ⅲ.①单片微型计算机-C语言-程序设计-高等职业教育-教材 Ⅳ.①TP368.1

中国版本图书馆CIP数据核字(2020)第079155号

责任编辑:潘新文　　　　　　　　　装帧设计:韩　飞
责任校对:杜杏然

出版发行:化学工业出版社(北京市东城区青年湖南街13号　邮政编码100011)
印　　装:北京科印技术咨询服务有限公司数码印刷分部
787mm×1092mm　1/16　印张12¼　字数294千字　2024年1月北京第1版第2次印刷

购书咨询:010-64518888　　　　　　　售后服务:010-64518899
网　　址:http://www.cip.com.cn
凡购买本书,如有缺损质量问题,本社销售中心负责调换。

定　价:39.80元　　　　　　　　　　　　　　　　　版权所有　违者必究

前言

单片机技术与应用是高等职业院校机电类、自动化类、电子信息类专业学生必修的一门专业核心课程,该课程技术应用性强,理论与实践结合非常紧密。本书根据该课程的特点,并密切结合当前职业教育改革需要,采用基于工作过程的项目化教学模式编写。书中项目是作者多年一线教学教改的经验积累,在教学内容、教学方法和教学模式等方面不断进行创新,在课程教学实践中取得了较为显著的成效。本教材具有以下特色。

1. 以能力培养为核心

在编写中,力求体现目前倡导的"以就业为导向,以能力为本位"的职教改革精神,注重学生技能的培养,精心整合课程内容,合理安排知识点、技能点,注重实践,突出对学生实际操作能力和解决问题能力的培养。

2. 以项目开发为载体

本书以项目开发为载体,把涉及单片机技术应用方面的知识分析和应用技能实践,按照项目描述、知识准备、项目实施、拓展与提高、项目小结和项目训练六个环节展开,包含闪烁控制系统设计、汽车转向灯设计、故障报警器设计、可调时间电子钟设计、路口交通灯设计、密码锁设计、数字电压表设计等项目,打破以知识和理论为体系的教材组织模式,改变了学生对传统教材感到"单片机难学"的印象。

3. 以工程实践为驱动力

本书以工程实践为驱动力,加强工程实践。所有项目均通过编程软件 Keil C 和单片机仿真软件 Proteus 设计与仿真调试,使得课程的工程实践性得到保证和加强,便于调动学生动手参与的积极性和主动性。全书所有项目中的案例程序均完全通过软件调试,可顺利运行。

4. 以知识拓展为发展空间

本书每个项目实施后面都有拓展与提高,重点介绍该项目所涉及的一些新技术、发展趋势,或者有关知识的补充,满足不同学生个性发展需求,拓展学生知识发展空间。

本书由山东水利职业学院宋雪臣、单振清主编。单振清编写了项目一、项目二、项目三和项目四,宋雪臣编写了项目五、项目六。山东水利技术学院吴炜编写了项目七和项目八。马骁参与编写了项目五部分内容。单振清统稿并对全书所有项目程序进行了调试。山东大学控制科学与工程学院黄彬教授对本书进行了审核并提出宝贵意见，日照裕鑫动力有限公司赵启林高级工程师为本书的部分项目提供了技术支持和资料方面的帮助，在此表示衷心感谢！

由于时间紧迫以及编写水平有限，书中不妥或疏漏之处在所难免，殷切希望各位同仁和专家提出宝贵意见和建议。

编者

2019 年 12 月

目 录

项目一　闪烁彩灯设计 ………………………………………………… 1

　【项目描述】 ………………………………………………………… 1
　【知识准备】 ………………………………………………………… 1
　　一、单片机概述 …………………………………………………… 1
　　二、AT89S51 单片机的基本结构 ………………………………… 1
　　三、AT89S51 引脚及功能 ………………………………………… 3
　　四、CPU 的结构 …………………………………………………… 4
　　五、单片机的存储结构 …………………………………………… 5
　　六、单片机最小系统构建 ………………………………………… 8
　【项目实施】 ………………………………………………………… 11
　　一、设计方案 ……………………………………………………… 11
　　二、硬件电路 ……………………………………………………… 11
　　三、源程序设计与调试 …………………………………………… 11
　　四、Proteus 仿真 ………………………………………………… 15
　【拓展与提高】 ……………………………………………………… 19
　【项目小结】 ………………………………………………………… 19
　【项目训练】 ………………………………………………………… 20

项目二　汽车转向灯设计 ……………………………………………… 22

　【项目描述】 ………………………………………………………… 22
　【知识准备】 ………………………………………………………… 22
　　一、AT89S51 的 I/O 口 …………………………………………… 22
　　二、C 语言程序的基本结构 ……………………………………… 25
　　三、C 语言语法基础 ……………………………………………… 25
　　四、程序基本结构与相关语句 …………………………………… 33
　【项目实施】 ………………………………………………………… 36
　　一、设计方案 ……………………………………………………… 36
　　二、硬件电路 ……………………………………………………… 37
　　三、源程序设计与调试 …………………………………………… 38

四、Proteus 仿真 ……………………………………………………… 40
　【拓展与提高】………………………………………………………… 40
　【项目小结】…………………………………………………………… 42
　【项目训练】…………………………………………………………… 42

项目三　故障报警器设计 ……………………………………………… 45

　【项目描述】…………………………………………………………… 45
　【知识准备】…………………………………………………………… 45
　　一、中断的基本概念 ………………………………………………… 45
　　二、AT89S51 单片机的中断系统 …………………………………… 46
　　三、中断处理过程 …………………………………………………… 50
　　四、中断服务程序编写 ……………………………………………… 53
　　五、数组 ……………………………………………………………… 53
　　六、LED 数码管 ……………………………………………………… 56
　【项目实施】…………………………………………………………… 58
　　一、设计方案 ………………………………………………………… 58
　　二、硬件电路 ………………………………………………………… 58
　　三、Keil C51 源程序设计与调试 …………………………………… 58
　　四、Proteus 仿真 ……………………………………………………… 61
　【拓展与提高】………………………………………………………… 61
　　一、借用定时器溢出中断作为外部中断 …………………………… 61
　　二、采用中断加查询法扩展外部中断 ……………………………… 62
　【项目小结】…………………………………………………………… 63
　【项目训练】…………………………………………………………… 64

项目四　可调时间电子钟设计 …………………………………………… 66

　【项目描述】…………………………………………………………… 66
　【知识准备】…………………………………………………………… 66
　　一、定时/计数器的结构 ……………………………………………… 66
　　二、定时器/计数器的工作原理 ……………………………………… 67
　　三、定时器控制寄存器和工作方式寄存器 ………………………… 67
　　四、定时/计数器的工作方式 ………………………………………… 69
　　五、定时器/计数器的编程和应用 …………………………………… 75
　　六、函数 ……………………………………………………………… 78
　【项目实施】…………………………………………………………… 81
　　一、设计方案 ………………………………………………………… 81

二、硬件电路 …………………………………………………… 81
　　三、Keil C51 源程序设计与调试 ……………………………… 81
　　四、Proteus 仿真 ………………………………………………… 86
【拓展与提高】………………………………………………………… 86
【项目小结】…………………………………………………………… 88
【项目训练】…………………………………………………………… 89

项目五　路口交通灯设计 …………………………………… 92

【项目描述】…………………………………………………………… 92
【知识准备】…………………………………………………………… 92
　　一、AT89S51 系统扩展概述 …………………………………… 92
　　二、程序存储器的扩展 ………………………………………… 98
　　三、数据存储器的扩展 ………………………………………… 101
　　四、扩展并行 I/O 口 …………………………………………… 103
【项目实施】…………………………………………………………… 108
　　一、设计方案 …………………………………………………… 108
　　二、硬件电路 …………………………………………………… 108
　　三、Keil C51 源程序设计与调试 ……………………………… 109
　　四、Proteus 仿真 ………………………………………………… 111
【拓展与提高】………………………………………………………… 112
【项目小结】…………………………………………………………… 114
【项目训练】…………………………………………………………… 115

项目六　密码锁设计 ………………………………………… 118

【项目描述】…………………………………………………………… 118
【知识准备】…………………………………………………………… 118
　　一、键盘接口原理 ……………………………………………… 118
　　二、AT89S51 单片机与液晶显示器（LCD）的接口 ………… 121
【项目实施】…………………………………………………………… 128
　　一、设计方案 …………………………………………………… 128
　　二、硬件电路 …………………………………………………… 128
　　三、Keil C51 源程序设计与调试 ……………………………… 129
　　四、Proteus 仿真 ………………………………………………… 136
【拓展与提高】………………………………………………………… 137
【项目小结】…………………………………………………………… 137
【项目训练】…………………………………………………………… 139

项目七 串行通信 ... 140

【项目描述】 ... 140
【知识准备】 ... 140
　一、串行通信基础 ... 140
　二、AT89S51 的串行口 ... 142
【项目实施】 ... 149
　一、设计方案 ... 149
　二、硬件电路 ... 150
　三、Keil C51 源程序设计与调试 ... 150
　四、Proteus 仿真 ... 153
【拓展与提高】 ... 154
　一、串口类型 ... 154
　二、USB 接口 ... 154
【项目小结】 ... 155
【项目训练】 ... 156

项目八 数字电压表设计 ... 159

【项目描述】 ... 159
【知识准备】 ... 159
　一、D/A 转换器芯片及其接口技术 ... 159
　二、A/D 转换器芯片及其接口技术 ... 169
【项目实施】 ... 181
　一、设计方案 ... 181
　二、硬件电路 ... 182
　三、Keil C51 源程序设计与调试 ... 182
　四、Proteus 仿真 ... 185
【拓展与提高】 ... 186
【项目小结】 ... 186
【项目训练】 ... 187

参考文献 ... 189

项目一　闪烁彩灯设计

【项目描述】

本项目要求用单片机实现发光二极管（LED）闪烁控制。

发光二极管（LED）闪烁控制系统以 AT89S51 作为主控制器，配以时钟电路和复位电路组成单片机最小系统，利用单片机 P1 口的每一位连接一个 LED，通过软件控制 P1 口每一位输出电平高低，从而控制 LED 点亮或熄灭，实现彩灯闪烁。本项目学习目标如下：

- 掌握单片机内部结构和最小系统。
- 掌握 51 系列单片机常用引脚及功能。
- 掌握 Keil C51 软件平台的设置与使用。
- 熟悉 Proteus 仿真软件。

【知识准备】

一、单片机概述

单片机是单片微型计算机（Single Chip Microcomputer）的简称，是在一块芯片上集成了中央处理器（CPU）、存储器（RAM 和 ROM）、基本 I/O 接口、中断系统以及定时器/计数器等部件的一个完整的微型计算机系统。单片机最早被用在工业控制领域，所以也被称为微控制器（Microcontroller）。

美国 INTEL 公司于 1980 年推出的 MCS-51 单片机是内核兼容的一系列单片机的总称，所有兼容 MCS-51 指令系统的单片机统称为 51 系列单片机。目前，ATMEL 公司生产的具有 Flash ROM 的增强型 51 系列单片机在市场上十分流行，本书以 Atmel 的 AT89S51 为例讲解。

二、AT89S51 单片机的基本结构

AT89S51 是美国 ATMEL 公司生产的低功耗、高性能 8 位单片机，如图 1-1 所示，兼容标准 MCS-51 指令系统，片内含 4KB 可擦写 1000 次的 Flash ROM，集成了通用 8 位 CPU 和 ISP Flash 存储单元。图 1-2 是 AT89S51 单片机的内部结构框图。

图 1-1　AT89S51 单片机外形图

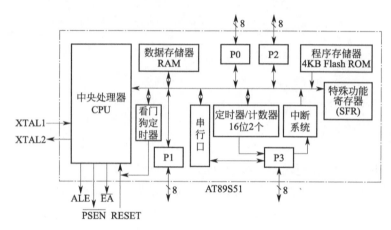

图 1-2　AT89S51 单片机的内部结构框图

(1) 中央处理器 (CPU)

CPU 包括运算器和控制器两大部分，具有运算和控制功能，还具有位处理功能。

(2) 数据存储器 (RAM)

片内数据存储器存储空间为 256B，片外数据存储器最多可扩展至 64KB。

(3) 程序存储器 (ROM)

片内程序存储器存储空间为 4KB，片外可外扩至 64KB。

(4) 中断系统

中断系统的主要作用是对外部或内部的中断请求进行管理和处理。AT89S51 中断系统有五个中断源，具有二级中断优先权。

(5) 定时器/计数器

AT89S51 有两个 16 位定时器/计数器，实现定时或计数功能。

(6) 看门狗定时器 (WDT)

当 CPU 受到干扰使程序陷入死循环或跑飞时，WDT 可使程序恢复正常运行。

(7) 串行口

AT89S51 有一个全双工异步串行口，用以实现单片机和其他设备之间的数据异步串行传送，有四种工作方式。多个单片机通过串行口可构成多机系统。AT89S51 还有一个 ISP 串行接口，用于在线下载程序。

(8) 并行 I/O 口

AT89S51 有四个 8 位并行 I/O 口：P0、P1、P2 和 P3，每个口包括一个锁存器和一个驱动器，主要用于数据的并行输入输出，有些 I/O 口还有第二功能。

（9）特殊功能寄存器（SFR）

AT89S51 单片机有二十六个特殊功能寄存器，包括控制寄存器和状态寄存器，用来实现功能部件的管理、控制和监视，位于片内 RAM 的 80H～FFH。

在特殊功能寄存器中，堆栈指针 SP（堆栈是一块连续的数据存储区域，对堆栈的两种操作——进栈和出栈都是对栈顶单元进行的，其操作原则为"先进后出"或"后进先出"）是一个非常重要的寄存器，用于子程序调用和中断操作，它指向栈顶单元。每向堆栈压入一个字节的数据，SP 的内容自动增 1。单片机复位后 SP 中的内容为 07H，因而堆栈实际上从 08H 单元开始。由于 08H～1FH 单元属于 1～3 组的工作寄存器区，因此在程序设计时最好把 SP 值设置为较大的值，避免堆栈区与工作寄存器区发生冲突。

数据指针寄存器 DPTR 也是一个重要的特殊功能寄存器，主要用于存放 16 位地址，以便对片外 RAM 寻址，其字节地址为 82H～85H。AT89S51 包含 DPTR0 和 DPTR1 两个数据指针寄存器。

另外还有时钟电路，作用是产生单片机工作所需要的时钟脉冲序列。

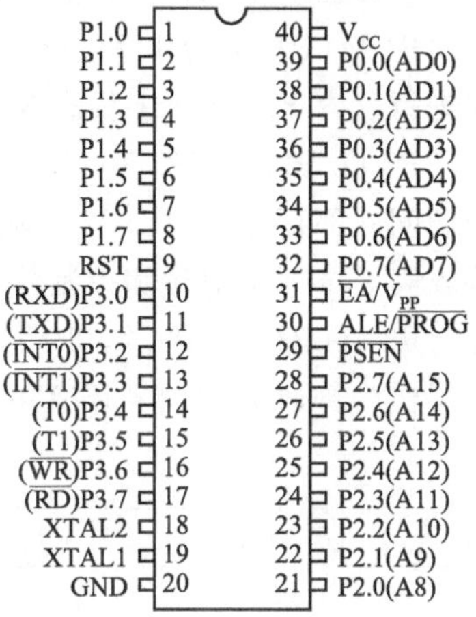

三、AT89S51 引脚及功能

AT89S51 单片机目前多采用 40 只引脚双列直插 PDIP 封装形式，如图 1-3 所示。部分主要引脚功能如下。

图 1-3 AT89S51 单片机外部引脚

1. 主电源引脚

V_{CC}（40 脚）：运行和程序校验时接+5V 电源。

GND(20 脚)：地线。

2. 时钟振荡电路引脚

XTAL1(19 脚)：晶体振荡器反相放大器输入端。当采用外部时钟源时，该引脚作为外部振荡信号的输入端。

XTAL2(18 脚)：晶体振荡器反相放大器的输出端。当采用片内时钟源时，该脚连接外部石英晶体和微调电容，当采用外部时钟源时，该脚悬空。

3. 控制信号引脚

RST(9 引脚)：复位信号输入端。当 RST 引脚保持两个机器周期以上高电平时，单片机复位，进入初始状态。RST 引脚可作为内部 RAM 的备用电源输入端，当主电源 V_{CC} 断电时，通过此引脚为单片机内部 RAM 提供电源，保持 RAM 中的信息不丢失。

ALE/$\overline{PROG}$(30 引脚)：地址锁存允许/编程脉冲信号端。当访问外部存储器时，用来锁存 P0 扩展地址的低 8 位，不访问外部存储器时，ALE 以 1/6 晶振频率输出正脉冲，可作为外部时钟脉冲。ALE 可驱动八个 LSTTL 门输入端。此引脚第二功能是作为编程脉冲输入端。

$\overline{PSEN}$（29 引脚）：外部程序存储器读选通端。当访问外部程序存储器时，此端产生负脉冲，作为外部程序存储器的选通信号。而访问外部数据存储器或内部程序存储器时，它不产生有效信号。$\overline{PSEN}$ 可驱动八个 LSTTL 门。

$\overline{EA}/V_{PP}$（31 引脚）：$\overline{EA}$ 为访问程序存储器（ROM）控制信号，当 $\overline{EA}$ 为高电平时，CPU 优先访问内部程序存储器。当 $\overline{EA}$ 为低电平时，则只能访问外部程序存储器。此引脚第二功能是作为编程电源输入端。

4. 并行 I/O 端口引脚

P0 口（P0.0～P0.7，32～39 引脚）：P0 口为一个 8 位漏级开路双向 I/O 口。在读写外部扩展存储器时，通过 P0 口分时提供 8 位数据和低 8 位地址；在进行片内编程时，P0 口作为编程数据的输入口；在进行片内 FlASH 校验时，P0 作为输出口。

P1 口（P1.0～P1.7，1～8 引脚）：P1 口是一个内部提供上拉电阻的 8 位双向 I/O 口。在进行片内 FLASH 编程和校验时，P1 口作为低 8 位地址接收端口。

P2 口（P2.0～P2.7，21～28 引脚）：P2 口是一个内部提供上拉电阻的 8 位双向 I/O 口。当访问外部存储器时，P2 口输出地址信号的高 8 位。在内部 FLASH 编程和校验时，P2 口接收高 8 位地址信号和控制信号。

P3 口（P3.0～P3.7，10～17 引脚）：P3 口也是内部提供上拉电阻的双向 I/O 口。P3 口除了作为普通 I/O 口，还有第二功能，见表 1-1。

表 1-1 P3 口的第二功能

P3 口引脚	第二功能	含 义
P3.0	RXD	串行数据接收
P3.1	TXD	串行数据发送
P3.2	$\overline{INT0}$	外部中断 0 申请
P3.3	$\overline{INT1}$	外部中断 1 申请
P3.4	T0	定时器/计数器 0 计数输入
P3.5	T1	定时器/计数器 1 计数输入
P3.6	$\overline{WR}$	外部 RAM 写选通
P3.7	$\overline{RD}$	外部 RAM 读选通

单片机各功能部件通过总线连接起来。总线（BUS）是计算机各部件之间传送信息的公共通道，有内部总线和外部总线两类。内部总线是 CPU 内部部件之间的连线，外部总线是指 CPU 与其它部件之间的连线。外部总线有三种：数据总线 DB（Data Bus）、地址总线 AB（Address Bus）和控制总线 CB（Control Bus），数据总线用于传送数据，控制总线用于传送控制信号，地址总线则用于选择存储单元或外设。

四、CPU 的结构

CPU 是单片机内部的核心部件，它包括运算器、控制器以及若干寄存器等。运算器实现数据的算术运算、逻辑运算、位操作运算和数据传送操作，主要包括算术逻辑运算单元 ALU、累加器 A、寄存器 B、程序状态寄存器 PSW、位处理器和暂存器等。累加器 A 是最常用的 8 位寄存器，字节地址为 E0H，复位值为 00H。累加器 A 和算术逻辑单元 ALU 一起完成算术逻辑运算。累加器 A 中既可以存放运算前的原始数据，也可以存放运算结果。数据传送大多都通过累加器 A，它相当于数据的中转站。寄存器 B 是一个 8 位特殊功能寄存器，字节地址为 F0H，复位值为 00H。用于乘法运算时，它存放其中一个乘数；用于除法运算时，它存放除数和运算后的余数。在不执行乘除法操作时，可把它当作一个普通寄存器来使用。

程序状态字 PSW 是一个 8 位标志寄存器，用来保存指令执行结果的特征信息，供程序查询和判别。PSW 格式及含义见表 1-2。

表 1-2 PSW 格式及含义

位	PSW.7	PSW.6	PSW.5	PSW.4	PSW.3	PSW.2	PSW.1	PSW.0
含义	CY	AC	F0	RS1	RS0	OV	/	P

控制器主要是识别指令，根据指令控制单片机各功能部件，主要包括程序计数器 PC（16 位）、指令寄存器、指令译码器和定时控制逻辑电路。

程序计数器 PC 用来存放指令地址，是一个独立的 16 位计数器，不可访问。当一个地址码被读取后，程序计数器会自动加 1，存放下一条指令地址，单片机复位时，程序计数器中的内容变为 0000H，CPU 从 0000H 单元开始取指令。

CY(PSW.7)：进位标志位。在加法（减法）运算中存放进位（借位）标志，有进位（借位）时 CY 置 1，无进位（借位）时 CY 清 0。

AC(PSW.6)：半进位标志位。在加法（减法）运算中，当低 4 位向高 4 位进位（借位）时，AC 由硬件置位，否则 AC 被清 0。

F0(PSW.5)：用户标志位，由用户定义使用，用户可根据需要用软件方法置位或复位。

RS1 和 RS0(PSW.4 和 PSW.3)：寄存器组选择位，由软件设置，用来选择当前工作寄存器组，见表 1-3。

表 1-3 寄存器组选择状态

RS1	RS0	所选寄存器组	R0～R7 地址
0	0	第 0 组	00H～07H
0	1	第 1 组	08H～0FH
1	0	第 2 组	10H～17H
1	1	第 3 组	18H～1FH

OV(PSW.2)：溢出标志位。

P(PSW.0)：奇偶标志位。若累加器 A 中 1 的个数为偶数，则 P=0；若 1 的个数为奇数，则 P=1。

五、单片机的存储结构

AT89S51 可寻址 64KB 的程序存储空间（包括片内 ROM 和片外 ROM）、64KB 的片外数据存储空间和 256B 的片内数据存储空间，存储结构见图 1-4。

1. 程序存储器

AT89S51 片内有 4KB 的程序存储空间，片外可寻址 64KB 程序存储空间，片内和片外

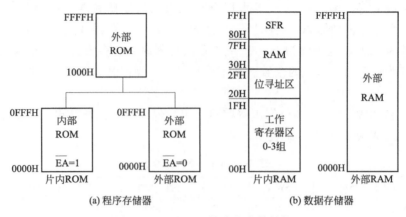

图 1-4 AT89S51 单片机存储结构

统一编址。

如果芯片引脚 EA 为高电平，CPU 从片内 0000H 开始取指令，当程序计数器在 0000H～0FFFH 时，CPU 只访问片内的程序存储器，当程序计数器超过 0FFFH 时，CPU 自动寻址外部程序存储器。

如果 EA 为低电平（接地），则所有取指令操作均指向外部程序存储器（这时外部程序存储器从 0000H 开始编址）。

AT89S51 程序存储器中的 0000H 单元为复位入口地址，另外还有五个中断入口地址，见表 1-4。

表 1-4 入口地址

入口地址	功 能
0000H	系统复位
0003H	外部中断 INT0
000BH	定时器/计数器 T0
0013H	外部中断 INT1
001BH	定时器/计数器 T1
0023H	串行口中断

2. 数据存储器

AT89S51 片内数据存储空间容量为 256B，片外可寻址 64KB 数据存储空间，两个存储空间独立寻址。

AT89S51 片内数据存储空间的分配如下。

00H～1FH 这三十二个存储单元是工作寄存器区，分四个区，每个区包含八个寄存器，编号为 R0～R7，用户可以通过设定特殊功能寄存器 PSW 中的 RS0、RS1 来选择某一区；

20H～2FH 这十六个存储单元既可进行位寻址（共 128 位），也可进行字节寻址（共 16 字节）。

30H～7FH 存储单元属于用户数据存储区，用于存放数据，只能进行字节寻址。

80H～0FFH 用于存放二十六个特殊功能寄存器上电后的复位值，其地址分布及复位值如图 1-5 所示，其中"X"表示 0 或 1。

0F8H								0FFH
0F0H	B 00000000							0F7H
0E8H								0EFH
0E0H	ACC 00000000							0E7H
0D8H								0DFH
0D0H	PSW 00000000							0D7H
0C8H								0CFH
0C0H								0C7H
0B8H	IP XX000000							0BFH
0B0H	P3 11111111							0B7H
0A8H	IE 0X000000							0AFH
0A0H	P2 11111111	AUXR1 XXXXXXX0				WDTRST XXXXXXXX		0A7H
98H	SCON 00000000	SBUF XXXXXXXX						9FH
90H	P1 11111111							97H
88H	TCON 00000000	TMOD 00000000	TL0 00000000	TL1 00000000	TH0 00000000	TH1 00000000	AUXR XXX00XX0	8FH
80H	P0 11111111	SP 00000111	DP0L 00000000	DP0H 00000000	DP1L 00000000	DP1H 00000000	PCON 0XXX0000	87H

图 1-5 特殊功能寄存器地址分布及复位值

AT89S51 的二十六个特殊功能寄存器中，可进行位寻址的有十一个（凡是字节地址能被 8 整除的特殊功能寄存器，即字节地址末位是 0 或 8 的，都可进行位寻址），其具体字节地址及位地址见表 1-5。

表 1-5 特殊功能寄存器字节地址及位地址

名称	符号	（高位）			位地址/位定义			（低位）	字节地址
寄存器 B	B	F7	F6	F5	F4	F3	F2	F1	F0	F0H
累加器 A	ACC	E7	E6	E5	E4	E3	E2	E1	E0	E0H
程序状态字	PSW	D7	D6	D5	D4	D3	D2	D1	D0	D0H
		CY	AC	F0	RS1	RS0	OV		P	
中断优先级	IP	BF	BE	BD	BC	BB	BA	B9	B8	B8H
					PS	PT1	PX1	PT0	PX0	
I/O 端口 3	P3	B7	B6	B5	B4	B3	B2	B1	B0	B0H
		P3.7	P3.6	P3.5	P3.4	P3.3	P3.2	P3.1	P3.0	
中断允许控制	IE	AF	AE	AD	AC	AB	AA	A9	A8	A8H
		EA			ES	ET1	EX1	ET0	EX0	

续表

名称	符号	(高位)			位地址/位定义				(低位)	字节地址
I/O 端口 2	P2	A7	A6	A5	A4	A3	A2	A1	A0	A0H
		P2.7	P2.6	P2.5	P2.4	P2.3	P2.2	P2.1	P2.0	
串行数据缓冲	SBUF									99H
串行控制	SCON	9F	9E	9D	9C	9B	9A	99	98	98H
		SM0	SM1	SM2	REN	TB8	RB8	TI	RI	
I/O 端口 1	P1	A9	96	95	94	93	92	91	90	90H
		P1.7	P1.6	P1.5	P1.4	P1.3	P1.2	P1.1	P1.0	
定时/计数器 1(高字节)	TH1									8DH
定时/计数器 0(高字节)	TH0									8CH
定时/计数器 1(低字节)	TL1									8BH
定时/计数器 0(低字节)	TL0									8AH
定时/计数器方式选择	TMOD	GATE	C/T	M1	M0	GATE	C/T	M1	M0	89H
定时/计数器控制	TCON	8F	8E	8D	8C	8B	8A	89	88	88H
		TF1	TR1	TF0	TR0	IE1	IT1	IE0	IT0	
电源控制及波特率控制	PCON	SMOD			GF1	GF0	PD	IDL		87H
数据指针高字节	DPH									83H
数据指针低字节	DPL									82H
堆栈	SP									81H
I/O 端口 0	P0	87	86	85	84	83	82	81	80	80H
		P0.7	P0.6	P0.5	P0.4	P0.3	P0.2	P0.1	P0.0	

对于可进行位寻址的特殊功能寄存器，在表示其中某一位时，可以采用下面两种方法。

方法 1：头文件 reg51.h 中已经定义的位，直接用位名称，例如：

    #include<reg51.h>
    RS1=1;
    RS0=0;

方法 2：对于没有定义的可寻址位，可用 sbit 定义符（在项目二中讲解），例如：

    #include<reg51.h>
    sbit P1_1=P1^1;// 定义 P1_1 为 P1 端口寄存器的第 1 位
    sbit ac=ACC^6;// 定义 ac 为累加器 A 的第 6 位
    sbit CY=PSW^7;// 定义 CY 为 PSW 的第 7 位

六、单片机最小系统构建

单片机正常工作的最简单系统配置也称作单片机最小系统。单片机只是一个芯片，它必须配以外围电路后才能工作，包括电源电路、时钟电路、复位电路等。AT89S51 单片机最小系统如图 1-6 所示。

1. 时钟电路

单片机内控制信号在一种基本节拍的控制下按一定时间顺序发出，各部件有条不紊地协

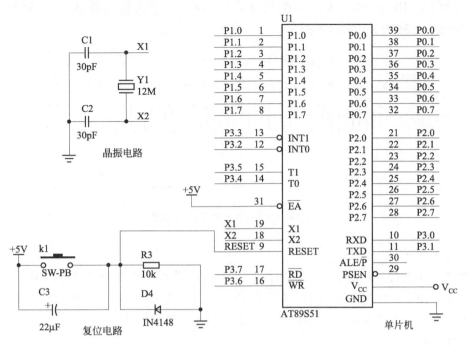

图 1-6　AT89S51 单片机最小系统

同工作,产生这种基本节拍的电路是时钟电路。控制信号在时间上的先后关系就是 CPU 时序。图 1-7(a) 所示为内部时钟电路,引脚 XTAL1 为反相器输入端,XTAL2 为反相器输出端,两个引脚外接一个由晶体振荡器和电容组成的并联谐振电路。图 1-7(b) 所示为外部时钟电路,外部振荡源信号通过 XTAL1 端输入内部时钟电路,XTAL2 端浮空。

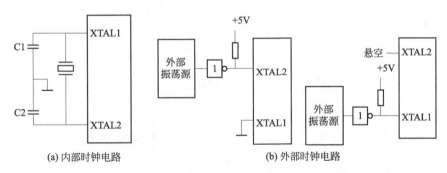

图 1-7　时钟电路

单片机指令均是在 CPU 时序控制电路的控制下执行的,各种时序均与时钟周期有关。

(1) 时钟周期

时钟周期是单片机时钟控制信号的基本时间单位。设晶体的振荡频率为 f_{osc},则时钟周期为 $T_{osc}=1/f_{osc}$。例如 $f_{osc}=6$ MHz,则 $T_{osc}=166.7$ns。

(2) 机器周期

CPU 完成一个基本操作所需的时间称为机器周期。单片机执行一条指令的过程分为几个机器周期,每个机器周期完成一个基本操作,如取指令、读数据、写数据等。对于 AT89S51 单片机,每十二个个时钟周期为一个机器周期,分为六个状态:S1~S6,每个状态又分为两拍:P1 和 P2,因此一个机器周期中的 12 个时钟周期表示为 S1P1、S1P2、S2P1、S2P2……S6P2,如图 1-8 所示。

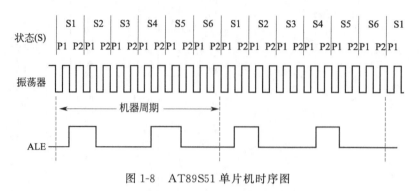

图 1-8　AT89S51 单片机时序图

(3) 指令周期

指令周期是执行一条指令所需的时间。AT89S51 单片机指令分为单字节指令、双字节指令、三字节指令,单字节和双字节指令的执行时长一般为单机器周期和双机器周期,三字节指令的执行时长大都是双机器周期,乘、除指令占用四个机器周期。

2. 复位电路

复位电路的作用是使 CPU 以及其他功能部件都恢复到一个确定的初始状态,并从这个状态开始工作。

单片机复位时必须在 RST 引脚(第 9 引脚)加上持续两个机器周期(24 振荡周期)的高电平。单片机的复位方式有上电复位和按键复位,相应电路如图 1-9 所示。

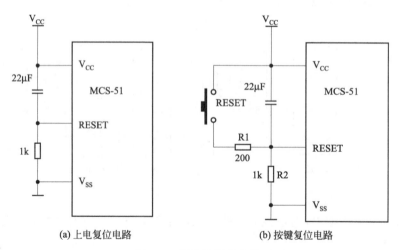

(a) 上电复位电路　　　　　　　(b) 按键复位电路

图 1-9　单片机复位电路

上电复位时,在电源接通瞬间电容充电电流最大,电容相当于短路,RST 端的电位为高电平,单片机自动复位;随着电容充电,RST 引脚上的电位逐渐下降,当电容两端的电压等于电源电压时,充电电流为零,电容相当于开路,RST 端变为低电平,单片机开始工作。

采用按键复位时,按下按键,RST 端直接与 V_{CC} 相连,处于高电平,单片机复位,同时电容被短路放电；按键松开时，V_{CC} 对电容充电，充电完成后，电容相当于开路，RST 处于低电平，单片机开始工作。

【项目实施】

一、设计方案

闪烁彩灯控制系统由 AT89S51 芯片、时钟电路、复位电路和电源组成，P1.0 端口接一个发光二极管，AT89S51 单片机控制 P1.0 的信号变化，从而控制发光二极管的亮灭闪烁。

二、硬件电路

电路所需元器件见表 1-6，硬件电路原理图如图 1-10 所示。

表 1-6 电路所需元器件

元器件名称	数量	元器件名称	数量
单片机	1	发光二极管	1
电阻	2	电容	2
晶振	1	电解电容	1

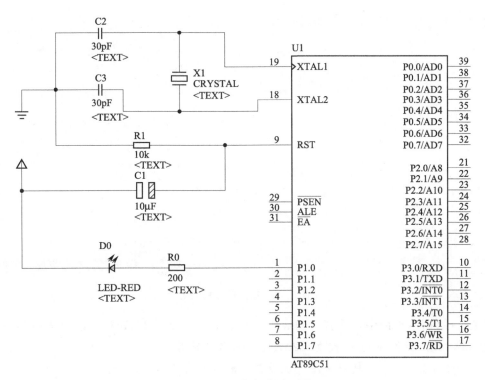

图 1-10 硬件电路原理图

三、源程序设计与调试

单片机本质上是一种大规模数字集成电路，只能识别 0 和 1 这样的二进制代码。早期在单片机开发过程中，人们直接用二进制代码编写程序，不同的机器指令用不同的二进制代码表示。由于记住大量的二进制代码非常困难，因此后来人们用一些容易记忆的符号来表示二进制代码指令，这些符号称为助记符，用助记符编写出来的程序称为汇编语言程序。目前，开发人员大多采用 C 语言编写单片机程序。

本项目采用 Keil C51 软件进行单片机源程序设计和调试。Keil C51 是一个针对 MCS-51 系列单片机的软件开发工具，它将 C 编译器、宏汇编器、连接器、库管理器和仿真调试器等集成在一起，支持汇编语言及 C 语言，能够实现单片机应用项目的工程建立、管理、编译连接、生成目标代码、软件仿真、硬件仿真等。

(1) 创建项目

首先在 D 盘上建立一个文件夹 xm01，用来存放本项目所有的文件。启动"Keil uVision2 专业汉化版"，进入 Keil C51 开发环境，选中"项目"—"新建项目"选项，输入文件名后单击"确定"按钮，弹出图 1-11 所示对话框，选择 AT89S51，单击"确定"按钮。选择主菜单栏中的"项目"—"目标'Target 1'选项"，出现图 1-12 所示的界面。

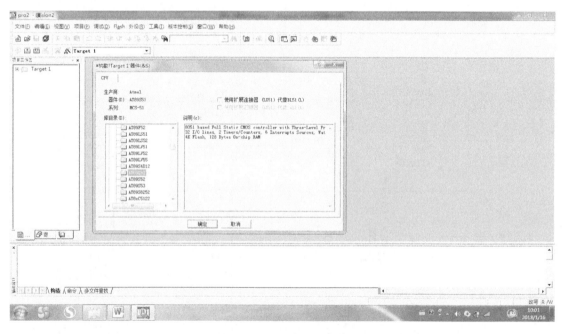

图 1-11　选择单片机型号

在图 1-12 所示界面中，选择"对象"标签，在"时钟（MHz）"栏中选择晶振频率，默认为 33MHz，我们在这里设为 12MHz。单击"输出"标签，选中"生成 HEX 文件（X）"，如图 1-13 所示。其它采用默认设置，最后单击"确定"按钮。

(2) 建立源程序文件

单击主界面菜单"文件"—"新建"，在编辑窗口中输入以下源程序。程序输入完成后，选择"文件"—"另存为"，将该文件保存为 pro1.C，放在刚才建立的文件夹 xm01 中。

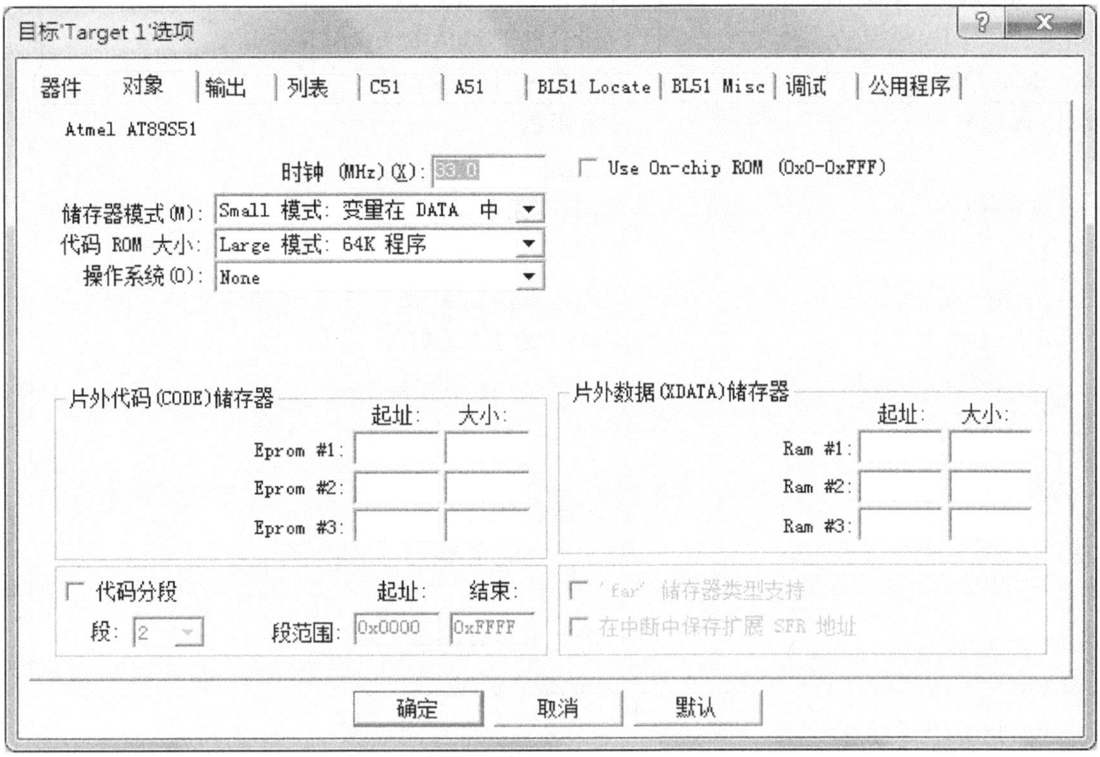

图 1-12　目标 'Target 1' 选项对象页面

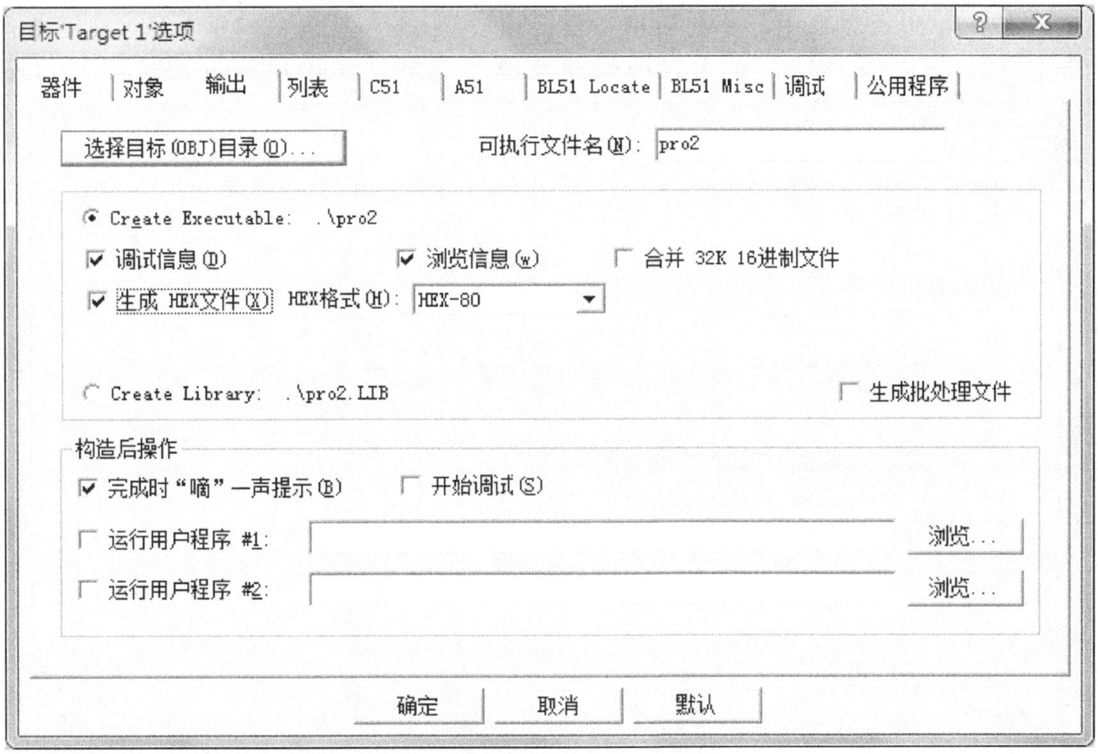

图 1-13　目标 'Target 1' 选项输出页面

```c
#include <REG51.H>          //包含51单片机头文件
sbit p1_0=P1^0;             //用关键字sbit定义位变量
void delay();               //函数声明
void main()                 //主函数
{                           //主函数体开始
    while(1)                //while无限循环
    {
        p1_0=0;             //P1.0=0,LED亮
        delay();            //调用延时子函数
        p1_0=1;             //P1.0=1,LED灭
        delay();
    }
}                           //主函数体结束
void delay(void)            //定义延时子函数
{
    unsigned char i,j;      //定义无符号变量
    for(i=0;i<200;i++)      //for循环延时
    for(j=0;j<255;j++);
}
```

(3) 添加文件到当前项目组中

在图1-14所示界面中,单击项目工作区中"Target 1"前的"+"号,右键单击"Source Group1"文件夹,在出现的快捷菜单中选择"Add Files to Group 'Source

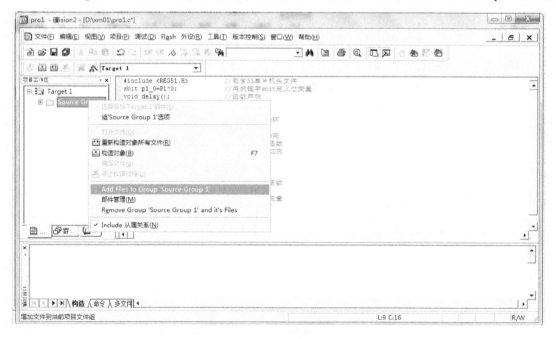

图1-14 添加文件到当前项目组中

Group1'",如图 1-14 所示,然后在弹出的增加文件对话框中选择刚才以扩展名 C 保存的文件 pro1.C,单击"ADD"按钮,这时 pro1.C 文件便加入 Source Group1 组里了。

(4) 编译文件

单击主菜单栏中的"项目"—"重新构造所有对象文件"选项,这时输出窗口出现源程序的编译结果,如图 1-15 所示。如果编译出错,将提示错误(ERROR)的类型和行号。我们可以根据输出窗口的提示重新修改源程序,直至编译通过为止。编译通过后将输出一个以HEX 为后缀名的目标文件。

图 1-15　编译文件结果

四、Proteus 仿真

Proteus 是英国 Lab Center Electronics 公司推出的用于仿真单片机及其外围器件的 EDA 工具软件。Proteus 与 Keil C51 配合使用,可以在不需要硬件投入的情况下,完成单片机应用系统的仿真开发,缩短实际系统的研发周期,降低开发成本。

1. 新建设计文件

运行 Proteus 的 ISIS,进入仿真软件的主界面,见图 1-16。执行"文件"—"新建设计"命令,选择合适的模板(通常选择默认值 DEFAULT),单击主工具栏的保存文件按钮,选择保存目录(D:\xm01),输入文件名称 sj01,保存类型采用默认值(DSN)。单击保存按钮,完成新建设计文件工作。

2. 放置对象

本项目中用到的对象有元器件(单片机 AT89S51、电阻 RES、晶振 CRYSTAL、发光二极管 LED-RED、电容 CAP、电解电容 CAP-ELEC)和终端(Terminals)。由于 Proteus 的元器件库中不包含 AT89S51,因此我们用 AT89C51 代替。

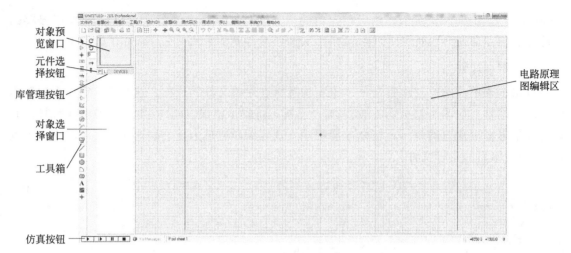

图 1-16 Proteus 主界面

(1) 放置元器件

在图 1-17 所示界面中,选择"库"—"拾取元件/符号(P)…",在"Pick Devices"窗口中的"关键字"文本框中输入 AT89C51,单击"确定"按钮。然后依次选取其它元件。元件列表窗口如图 1-18 所示。

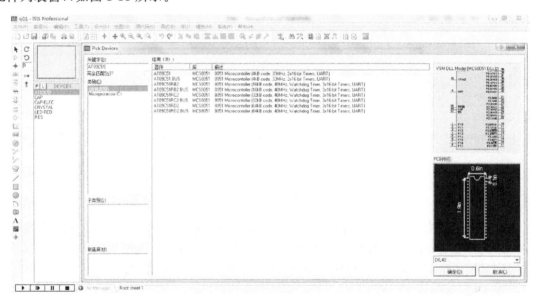

图 1-17 选择元器件

图 1-18 元件列表窗口

在"Pick Devices"窗口中单击 AT89C51，其电路原理图会出现在右侧预览窗口中，通过工具栏的方向控制按钮可改变原理图的方向。单击电路原理图编辑区，即可把 AT89C51 的电路原理图放置到编辑窗口中。同样放置其它元件。

（2）放置电源和地（终端）

单击 Proteus 主界面左侧工具箱中的终端按钮，分别选择电源（POWER）和地（GROUND），放置到编辑窗口，见图 1-19。

图 1-19　电源和地的添加

3. 编辑元件

对放置好的元件，可以双击元件，打开元件编辑对话框，进行元件属性编辑，见图 1-20。也可以右键单击元件，在快捷菜单中实现移动、旋转、删除等。通过 Delete 键也能完成删除。

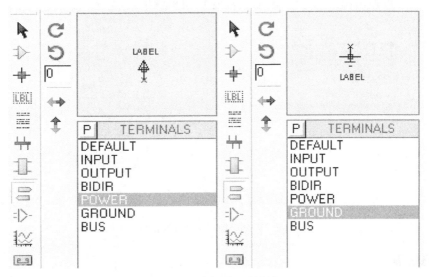

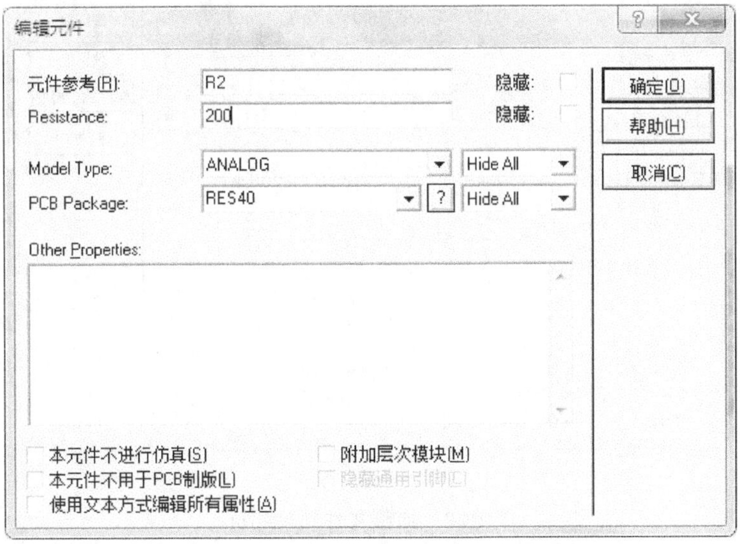

图 1-20　编辑元件属性

4. 电路图连线

Proteus 提供自动布线功能。只要把鼠标放在元件管脚上,就会自动出现连线,我们只需通过单击选择起点,然后在需要转弯的地方单击一下,按照连线所需走向移动鼠标到线的终点,在终点单击即可。

5. 电气规则检查

原理图绘制完毕后,必须进行电气规则检查(ERC)。单击菜单"工具"—"电气规则检查(E)…",可弹出图 1-21 所示的电气规则检测报告单。

图 1-21　电气规则检测报告单

6. 电路仿真

把在 Keil uVision2 中编译的 .Hex 文件加载到 Proeus 的单片机中,如图 1-22 所示,按下仿真按钮,可看到仿真结果,见图 1-23。

图 1-22　加载文件到单片机

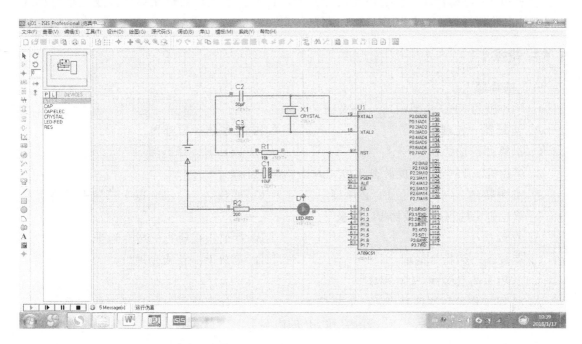

图 1-23 仿真结果

【拓展与提高】

发光二极管（LED）是一种把电能变成光能的半导体器件，它与普通二极管一样具有单向导电性。当给 LED 加上正向偏压时，LED 发光。

LED 可以由直流电源、交流电源、脉冲电源点亮，工作电流一般为几毫安到几十毫安，正向电压一般在 1.5～2.5V。LED 与单片机连接时，一般要加限流电阻。LED 的驱动可分为低电平点亮和高电平点亮两种。

LED 具有寿命长、能耗低、显色性高、易维护、体积小、点亮速度快、无频闪、眩光少、耐震性好、散热性好等优点，目前主要应用于以下几大方面：

① 显示屏和交通信号灯；

② 汽车车灯；

③ 背光源；

④ 装饰灯和照明灯。

【项目小结】

本项目介绍了如何利用单片机控制功能实现 LED 闪烁。主要讲述了以下知识。

① 单片机基本知识。包括单片机的概念，AT89S51 单片机的基本结构和功能部件，单片机芯片外部引脚及其功能，单片机存储结构，特殊功能寄存器，时钟电路，复位电路。

② Keil C51 平台的基本使用，Keil uVision2 软件设置和项目创建，将 C 语言源程序加载到项目中，编译后生成 Hex 文件。

③ Proteus 仿真软件。包括创建设计文件，选择、放置、编辑元器件，放置电源和地，绘制系统电路原理图，电气规则检查，电路仿真。

【项目训练】

一、选择题

1. 单片机的 CPU 主要由____组成。
   A. 运算器、控制器　　　　　　　　　B. 加法器、寄存器
   C. 运算器、加法器　　　　　　　　　D. 运算器、译码器

2. 单片机 AT89S51 访问片外 ROM 时，EA 的引脚____。
   A. 必须接地　　　B. 必须接+5V　　　C. 可悬空　　　D. 以上三种视需要而定

3. 单片机中的程序计数器 PC 用来____。
   A. 存放指令　　　　　　　　　　　　B. 存放正在执行的指令地址
   C. 存放下一条指令地址　　　　　　　D. 存放上一条指令地址

4. PSW 中的 RS1 和 RS0 用来____。
   A. 选择工作寄存器区号　B. 指示复位　C. 选择定时器　D. 选择工作方式

5. 单片机上电复位后，PC 的内容和 SP 的内容为____。
   A. 0000H，00H　　　　　　　　　　B. 0000H，07H
   C. 0003H，07H　　　　　　　　　　D. 0800H，08H

6. 单片机能够直接运行的程序是____。
   A. 汇编源程序　　　　　　　　　　　B. C 语言源程序
   C. 高级语言程序　　　　　　　　　　D. 机器语言源程序

7. 使用单片机开发系统调试 C 语言单片机控制程序时，首先应新建项目，该文件的扩展名是____。
   A. *.C　　　B. *.HEX　　　C. *.OBJ　　　D. *.Uv2

8. Proteus 仿真软件设计的文件类型是____。
   A. *.C　　　B. *.HEX　　　C. *.DSN　　　D. *.Uv2

二、填空题

1. 若 AT89S51 单片机的晶振频率为 12MHz，则一个机器周期等于____μs。

2. AT89S51 单片机的 XTAL1 和 XTAL2 引脚是_____引脚。

3. AT89S51 单片机的数据指针 DPTR 是一个 16 位的专用地址指针寄存器，主要用来_____。

4. AT89S51 单片机中输入/输出端口中，常用于第二功能的是_____。

5. AT89S51 单片机的堆栈是一个特殊的存储区，用来_____，它是按"后进先出"的原则存取数据的。

6. 单片机应用程序一般存放在_____中。

三、简答题

1. 内部 RAM 中，哪些单元可作为工作寄存器区，哪些单元可以进行位寻址？写出它们的字节地址。

2. 单片机最小系统是怎样构成的？

3. 开机复位后，CPU 使用的是哪组工作寄存器？他们的地址是多少？CPU 如何确定和改变当前工作寄存器组？

4. AT89S51 单片机引脚 EA、RST、ALE、PSEN 的功能是什么？

四、设计题

设计一个单片机控制程序，完成 8 个发光二极管 D0、D2、D4、D6、D1、D3、D5、D7 交替点亮，并用 Proteus 仿真。

项目二　汽车转向灯设计

【项目描述】

本项目通过用单片机控制四个发光二极管的点亮和熄灭来模拟汽车转向灯控制。本项目学习目标如下：

- 了解 AT89S51 单片机 I/O 口的结构和原理。
- 掌握 C 语言程序的基本结构。
- 掌握 C 语言的常量、变量、表达式和基本语句。

【知识准备】

一、AT89S51 的 I/O 口

AT89S51 共有四个双向 8 位 I/O 口，分别记为 P0、P1、P2 和 P3，这四个端口除了可按字节进行输入输出外，还可以按位寻址，便于实现位控功能。

1. P0 口

P0 口字节地址为 80H，位地址为 80H～87H。在访问外部存储器时，P0 口分时传输 8 位数据和低 8 位地址；P0 口也可作为 8 位双向 I/O 口。P0 口的位电路结构如图 2-1 所示，其中锁存器用于数据位的锁存，三态缓冲器 BUF1 用于读锁存器数据时的输入缓冲，三态缓冲器 BUF2 用于读引脚数据时的输入缓冲。

如果 P0 口作为地址/数据复用口接外部存储器，则它是一个真正的双向口，此时多路开关 MUX 接通地址/数据反相器的输出端。当从存储器读入数据时，CPU 自动向 P0 口写入 FFH，使下方的场效应管截止，控制信号为 0，使上方的场效应管截止，从而保证数据的高阻抗输入，从外部存储器输入的数据信息直接由 P0.x 引脚通过 BUF2 进入内部总线。当向外部存储器传送地址和数据时，控制信号为 1，地址信息直接由 P0.x 引脚输出。

如果 P0 口作为 I/O 口，则 MUX 接通锁存器的 $\overline{Q}$ 端，控制信号为低电平 0，上方的场效应管截止，输出电路为漏极开路输出。若锁存器输出端 Q 输出高电平 1，则锁存器 $\overline{Q}$ 端为低电平 0，下方场效应管截止，此时必须外接上拉电阻才能有高电平输出；若锁存器输出低电平 0，则锁存器 $\overline{Q}$ 端为高电平 1，下方场效应管导通，P0 口输出低电平。读入数据包

括读锁存器和读引脚两种方式：读锁存器时，锁存器的数据由 Q 端经上方的三态缓冲器 BUF1 进入内部总线；读引脚时，锁存器 $\overline{Q}$ 端为低电平 0，使场效应管截止，引脚信号经下方的三态缓冲器 BUF2 进入内部总线。

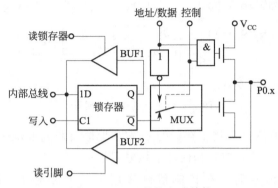

图 2-1　P0 口的位电路结构

2. P1 口

P1 口只能作为通用的 I/O 口，字节地址为 90H，位地址为 90H～97H。P1 口的位电路结构如图 2-2 所示。

P1 口的位电路结构由三部分组成：

① 一个数据输出锁存器，用于输出数据的锁存。

② 两个三态缓冲器 BUF1 和 BUF2，分别用于读锁存器数据和读引脚数据时的输入缓冲。

③ 数据输出驱动电路，由一个场效应管和一个片内上拉电阻组成。

P1 口输出数据时，若锁存器 Q 端输出 1，则场效应管截止，P1.x 输出 1；若 Q 端输出 0，则场效应管导通，P1.x 输出 0。

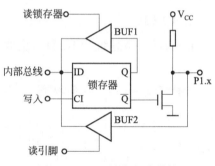

图 2-2　P1 口的位电路结构

P1 口读入数据分为读锁存器和读引脚两种方式。读锁存器时，锁存器的输出端 Q 的信号经输入缓冲器 BUF1 进入内部总线；读引脚时，先向锁存器写 1，使场效应管截止，P1.x 的信号经输入缓冲器 BUF2 进入内部总线。

P1 口由于有内部上拉电阻，没有高阻抗输入状态，故为准双向口。作为输出口时，不需要在片外接上拉电阻。

3. P2 口

P2 口是一个双功能口，字节地址为 A0H，位地址为 A0H～A7H。P2 口的位电路结构如图 2-3 所示。

P2 口的位电路结构由四部分组成：

① 一个数据输出锁存器，用于输出数据的锁存。

② 两个三态数据输入缓冲器 BUF1 和 BUF2，分别用于读锁存器数据和读引脚数据时的输入缓冲。

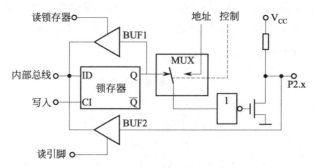

图 2-3 P2 口的位电路结构

③ 一个多路开关 MUX，可接锁存器的 Q 端和地址总线高 8 位中的某一位。

④ 输出驱动电路，由场效应管和内部上拉电阻组成。

当 P2 口输出地址信号时，在控制信号作用下，多路开关 MUX 接通地址总线高 8 位。

当 P2 口用作通用 I/O 口时，如果要输出信号，则 MUX 与锁存器的 Q 端接通。如果要输入信号，则分为读锁存器和读引脚两种方式，读锁存器时，Q 端信号经输入缓冲器 BUF1 进入内部总线；读引脚时，先向锁存器写 1，使场效应管截止，P2.x 引脚上的信号经输入缓冲器 BUF2 进入内部总线。P2 口也是一个准双向口。

4. P3 口

P3 口的字节地址为 B0H，位地址为 B0H～B7H。P3 口的位电路结构如图 2-4 所示。

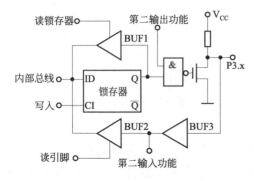

图 2-4 P3 口的位电路结构

P3 口的位电路包括：

① 一个数据输出锁存器，用于输出数据锁存。

② 三个三态数据输入缓冲器 BUF1、BUF2 和 BUF3，用于数据输入缓冲。

③ 输出驱动电路，由与非门、场效应管和内部上拉电阻组成。

如果仅第二输出功能端保持高电平，P3 口可执行第一输出功能：当锁存器输出 Q=1 时，场效应管截止，P3.x 引脚输出 1；当 Q=0 时，则场效应管导通，P3.x 引脚输出 0。

如果仅锁存器输出端 Q 保持高电平，P3 口可执行第二输出功能：第二输出功能端信号为 1 时场效应管截止，P3.x 引脚输出 1；第二输出功能端信号为 0 时场效应管导通，P3.x 引脚输出 0。

如果锁存器输出端 Q 和第二输出功能端都保持高电平，则场效应管截止，P3.x 引脚的信号从 BUF3 直接输入（此时 P3 口执行第二输入功能）或者经 BUF3 从 BUF2 输入（此时 P3 口执行第一输入功能），也即第二输入功能的输入信号取自缓冲器 BUF3 的输出端，第一输入功能的输入信号取自缓冲器 BUF2 的输出端。

P3 口内部有上拉电阻，不存在高阻抗输入状态，为准双向口。

二、C 语言程序的基本结构

C 语言程序由一个或多个函数组成，并且至少应包含一个主函数 main（），不管 main（）函数放于何处，程序总是从 main（）函数开始执行，main（）函数结束则程序结束。main（）函数可调用其它函数，但不能被其它函数调用。

一个程序的若干个函数可以保存在一个或几个源程序文件中。C 语言源程序文件的扩展名为 c。C 语言程序一般结构如下：

```
预处理命令              /* 用于包含头文件等 */
全局变量声明            /* 全局变量可被源程序中的所有函数引用 */
功能函数声明            /* 声明自定义函数，以便调用 */
main（）                /* 主函数 */
 {
    局部变量声明；      /* 局部变量只能在所定义函数的内部引用 */
    执行语句；
    函数调用；
 }
/* 其他函数定义 */
fun1（形式参数表）      /* 功能子函数 1 */
 {
    局部变量声明；
    函数体…
 }
 …
funn（形式参数表）      /* 功能子函数函数 n */
 {
    局部变量声明；
    函数体…
 }
```

C 语言程序一行可以书写多条语句，每个语句必须以";"结尾，一个语句也可以分多行书写。程序中的花括号"{""}"必须成对使用，位置随意，多个花括号可以在同一行书写，也可逐行书写。为层次分明，增加可读性，同一层级的花括号应上下对齐，不同层级采用逐层缩进方式书写。

C 语言的注释：用"//"符号开头将注释写在一行内，或者以"/*"符号开头、以"*/"符号结束将注释写在多行。

三、C 语言语法基础

1. 标识符和关键字

标识符和关键字是一种编程语言最基本的成分。标识符常用来声明某个对象的名称，如变量、常量、数组、函数等，标识符可以由字母、数字（0～9）和下划线"_"组成，其中第一个字符必须是字母或者下划线"_",例如"ut1" "ch_1"等都是正确的,而"5count"则是错误的标识符。另外,C 语言区分大小写,例如"count1"和"COUNT1"代表两个不同的标识符。

关键字是 C 语言保留的专用特殊标识符,也称为保留字,他们有固定的名称和功能,如 int、float、if、for、do、while、case 等都是关键字。

2. 数据类型

C 语言中所使用的各种数据必须定义其数据类型。Keil C51 编译器支持的数据类型见表 2-1。

表 2-1 Keil C51 编译器支持的数据类型

数据类型	长度	取值范围
unsigned char	单字节	0~255
signed char	单字节	-128~+127
unsigned int	双字节	0~65535
signed int	双字节	-32768~+32767
unsigned long	四字节	0~4294967295
signed long	四字节	-2147483648~+2147483647
float	四字节	±1.175494E-38~±3.402823E+38
*	1~3 字节	对象的地址范围
bit	一位	0 或 1
sfr	单字节	0~255
sfr16	双字节	0~65535
sbit	一位	0 或 1

(1) char 字符类型

char 型长度为一个字节,表示的数值范围是-128~+127,分无符号字符型 unsigned char 和有符号字符型 signed char,默认值为 signed char;signed char 类型用字节中最高位表示数据的正负,"0"表示正数,"1"表示负数;负数用补码表示,负数的补码等于它的绝对值的二进制编码按位取反后加 1,正数的补码与原码相同。unsigned char 常用于处理 ASCII 字符或小于等于 255 的整数。

(2) int 整型

int 型长度为两个字节,分有符号整型 signed int 和无符号整型 unsigned int,默认值为 signed int。signed int 表示的数值范围是-32768~+32767,字节中最高位表示数据的符号,"0"表示正数,"1"表示负数。unsigned int 表示的数值范围是 0~65535。

(3) long 长整型

long 型长度为四个字节,分有符号长整型 signed long 和无符号长整型 unsigned long,默认值为 signed long。signed int 表示的数值范围是-2147483648~+2147483647,字节中最高位表示数据的符号,"0"表示正数,"1"表示负数。unsigned long 表示的数值范围是 0~4294967295。

(4) float 浮点型

float 型是单精度浮点型，占用四个字节。

(5) *指针型

指针型变量存放的是指向另一个变量的地址，长度一般为 1~3 个字节。其具体定义和使用示例如下：

  int * p;   //定义一个类型为 int 型的指针 p
  unsigned char * point; //定义一个类型为 unsigned char 型的指针 point
  point=0x6000;   //指针 point 指向 6000H 单元
  *point=0x87;   //将常数 87H 存储在 6000H 单元(point 指向的单元)

(6) bit 型

bit 型是 Keil C51 编译器的扩充数据类型，利用它可定义一个位标量，地址安排在可位寻址的存储区（bdata 区），值不是 0 就是 1。如：

        bit w1;

定义 w1 为位变量，其值只能是 0 或 1。

(7) sfr 特殊功能寄存器型

sfr 也是 Keil C51 编译器的扩充数据类型，长度为一个字节，利用它能访问 Keil C51 单片机内部的所有特殊功能寄存器。如 sfr P1＝0x90 语句定义用 "P1" 来表示 P1 端口寄存器，在后面的语句中就可以用 P1＝255（对 P1 端口的所有引脚置高电平）之类的语句来操作特殊功能寄存器。再如：

    sfr SCON=0x98; //串行通信控制寄存器地址 98H
    sfr TMOD=0x89; //定时器模式控制寄存器地址 89H
    sfr ACC=0x90;   //A 累加器地址 90H

定义了以后，程序中就可以直接引用寄存器名，例：TMOD=0x01。

Keil C51 编译器内有一个头文件 reg51.h，文件中对所有的特殊功能寄存器进行了 sfr 定义，用语句 #include<reg51.h> 就可以直接引用特殊功能寄存器名或位名（引用时注意特殊功能寄存器名或者位名必须大写）。

(8) sfr16 16 位特殊功能寄存器型

sfr16 和 sfr 一样用于操作特殊功能寄存器，所不同的是它用于操作占两个字节的寄存器，如定时器 T0 和 T1。它占用两个字节，值域为 0~65535。

(9) sbit 可位寻址型

sbit 同样是 Keil C51 编译器的一种扩充数据类型，利用它能定义 bdata 区变量或特殊功能寄存器的可寻址位。

下面的语句定义 bdata 区变量的可寻址位：

    bdata int ibase;   //ibase 定义为整型变量
    sbit mybit=ibase^15;//mybit 定义为 ibase 的第 16 位

下面的语句定义特殊功能寄存器中的可寻址位：

    sfr P1 = 0x90;   // 定义 P1 为 P1 端口寄存器名

sbit P1_1 = P1^1;   //定义 P1_1 为 P1 端口的 P1.1 引脚的位名

其中语句：sbit P1 _ 1 = P1^1 可以换成下面的语句：

sbit P1_1 = 0x91;   //直接定义 P1.1 引脚的位名

这样在后面的语句中就能用 P1_1 来对 P1.1 引脚进行读写操作了。

经常使用的方法是使用语句♯include〈reg51.h〉把头文件 reg51.h 包含进来，然后定义：

♯include〈reg51.h〉
sbit P1_1=P1^1;   //P1_1 定义为 P1 口的 P1.1 引脚
sbit ac=ACC^6;   //ac 定义为累加器 A 的第 6 位
sbit CY=PSW^7;   //CY 定义为 PSW 寄存器的第 7 位

也可以直接用地址常数来表示特殊功能寄存器，如：

sbit P1_1=0x90^1;

在程序中可能会出现在运算中数据类型不一致的情况，而 C51 编译器可允许任何标准数据类型的隐式转换，转换的优先级顺序如下：

bit→char→int→long→float
signed→unsigned

例如当 char 型与 int 型进行运算时，编译器自动将 char 型扩展为 int 型，然后与 int 型进行运算，运算结果为 int 型。

C51 编译器除了支持隐式类型转换外，还可以通过强制类型转换符"（）"对数据类型进行强制转换，转换格式为：(类型名) 变量名。

3. 常量

常量是在程序运行过程中不能改变值的量，常量的数据类型只有整数型、浮点型、字符型、字符串型和位标量型。

整数型的十进制形式如 123，0，−58 等，十六进制形式以 0x 开头，如 0x58，−0x3B 等，长整型形式则在数字后面加字母 L，如 108L，058L，0xF360L 等。

浮点型可表示为十进制形式和指数形式，十进制形式如 0.888，3345.345，0.0 等（整数部分为 0 时可省略，但必须有小数点）。指数表示形式为：

［±］数字［. 数字］e［±］数字

其中方括号"［ ］"中的内容为可选项。像 125e3，7e9，−3.0e−3 等都是指数形式的浮点数。

字符型常量用英文单引号加字符表示，如"a""d"等。在某些字符前加一个反斜杠"\"可组成专用转义字符，见表 2-2。

表 2-2 常用转义字符

转义字符	含义	ASCII 码(16 进制/10 进制)
\0	空字符(NULL)	00H/0
\n	换行符(LF)	0AH/10
\r	回车符(CR)	0DH/13
\t	水平制表符(HT)	09H/9
\b	退格符(BS)	08H/8

续表

转义字符	含义	ASCII 码(16 进制/10 进制)
\f	换页符(FF)	0CH/12
\'	单引号	27H/39
\"	双引号	22H/34
\\	反斜杠	5CH/92

字符串型常量由英文双引号加字符表示，如"test""OK"等，引号内没有字符时为空字符串。C 语言编译器在编译时会在字符串尾部加上转义字符"\0"作为该字符串的结束符，因此不要将字符和字符串混淆，后者在存储时多占用一个字节的字间。

下面的是常量定义示例：

♯difine False 0x0；//用预定义语句定义常量 False 为 0
♯difine True 0x1；//定义常量 True 为 1
unsigned int code a=100；//用 code 定义常量 a,存放在程序存储器中,并赋值 100
const unsigned int c=100；//用 const 定义 c 为 unsigned int 型常量,存放在程序
　　　　　　　　　　　　//存储器中,并赋值 100

4. 变量

变量在程序执行过程中其值可变。变量的定义格式如下：

[存储种类] 数据类型 [存储器类型] 变量名

存储种类有四种：自动（auto），外部（extern），静态（static）和寄存器（register），缺省类型为自动（auto）。存储器类型见表 2-3。

表 2-3　存储器类型

存储器类型	说　明
data	可直接访问的片内数据存储器(低 128 字节),访问速度最快
bdata	可位寻址的片内数据存储器(16 字节),允许位与字节混合访问
idata	可间接访问的片内数据存储器(高 128 字节)
pdata	可分页访问的片外数据存储器(256 字节),用 MOVX @Ri 指令访问
xdata	片外数据存储器(64KB),用 MOVX @DPTR 指令访问
code	程序存储器(64KB),用 MOVC @A+DPTR 指令访问

如果省略存储器类型，则系统按存储模式（存储模式在编译器选项中选择，包括 SMALL、COMPACT、LARGE 三种模式）所对应的默认存储器类型选择。在 Small 模式下，所有缺省参数变量均存储于片内数据存储器，访问速度快，但由于片内数据存储器存储空间有限，因此只适用于小程序；在 Compact 模式下，所有缺省参数变量均存储于可分页访问的片外数据存储器中（256 字节），页号通过 P2 端口指定，并在 STARTUP.A51 文件中说明，页号也可用 pdata 指定。Compact 模式的访问速度较 Small 慢；在 large 模式下，所有缺省参数变量可放在多达 64KB 的片外数据存储器中，优点是存储空间大，缺点是访问速度相对较慢。

以下为变量定义示例：

```
char data var1;     //定义字符型变量var1,存于片内数据存储器低128字节内
int idata var2;     //定义整型变量var2,存于片内数据存储器高128字节内
auto unsigned long data var3;    //定义自动无符号长整型变量var3,存于片内
                                 //数据存储器低128字节内
//int code var5;                 //定义整型变量var5,存于程序存储器
unsign char bdata var6;          //在片内数据存储器位寻址区20H～2FH单元定义
                                 //可进行字节和位访问的无符号字符型变量var6
```

5. 运算符和表达式

（1）赋值运算符

赋值运算符"＝"将一个数据的值赋给一个变量。一个赋值语句的格式如下：

$$变量＝表达式；$$

执行赋值语句时先计算出右边表达式的值，然后赋给左边的变量，例如：

    x＝8＋9; /*将8＋9的值赋给变量x*/

在 Keil C51 允许在一个语句中同时给多个变量赋值，赋值顺序自右向左，例如：

    x＝y＝5; /*将常数5同时赋给变量x和y*/

（2）算术运算符

C语言支持的算术运算符有：

 ＋ 加或取正值运算符；
 － 减或取负值运算符；
 * 乘运算符；
 / 除运算符；
 ％ 取余运算符；
 ＋＋ 增量运算符；
 －－ 减量运算符。

对于除运算，如果相除的两个数为浮点数，则运算的结果也为浮点数，如果相除的两个数为整数，则运算的结果也为整数。如 25.0/20.0 结果为 1.25，而 25/20 结果为 1。

对于取余运算，则要求参加运算的两个数必须为整数，运算结果为余数。例如：x＝5％3，结果x的值为2。

增量运算符和减量运算符分别对变量作加1和减1运算，要注意变量在运算符前和运算符后的含义是不一样的。如 i＋＋（或 i－－）是先使用 i 的旧值，再执行 i＋1（或 i－1）运算，而 ＋＋i（或 －－i）是先执行 i＋1（或 i－1）运算，再使用 i 的新值。注意这两种运算符不能用于常数或表达式。

（3）关系运算符

C语言有六种关系运算符：

 ＞ 大于；
 ＜ 小于；

>＝　　大于等于；

＜＝　　小于等于；

＝＝　　等于；

！＝　　不等于；

关系运算符用于比较两个数的大小，关系运算语句的格式如下：

表达式 1　关系运算符　表达式 2

关系运算的结果为一个逻辑量：成立为真（1），不成立为假（0）。

(4) 逻辑运算符

C 语言有三种逻辑运算符：

‖　　逻辑或；

&&　　逻辑与；

！　　逻辑非。

逻辑运算符用于求条件式的逻辑值。逻辑与运算语句的格式如下：

条件式 1 && 条件式 2

当条件式 1 与条件式 2 都为真时结果为真（1），否则为假（0）。

逻辑或运算语句的格式如下：

条件式 1 ‖ 条件式 2

当条件式 1 与条件式 2 都为假时结果为假（0），否则为真（1）。

逻辑非运算语句的格式如下：

！条件式

如果条件式原来为真（1），则经过逻辑非运算后结果为假（0），反之亦然。

(5) 位运算符

位运算符只能对整数进行操作，不能对浮点数进行操作。位运算符有：

&　　按位与；

｜　　按位或；

^　　按位异或；

~　　按位取反；

≪　　左移；

≫　　右移。

例如，设 a＝0x45＝01010100，b＝0x3b＝00111011，则有：

a&b＝00010000＝0x10；

a｜b＝01111111＝0x7f；

a^b＝01101111＝0x6f；

~a＝10101011＝0xab；

a≪2＝01010000＝0x50；

b≫2＝00001110＝0x0e。

(6) 复合赋值运算符

复合赋值运算符有以下几种：

+＝   加法赋值；
−＋   减法赋值；
*＝   乘法赋值；
/＝   除法赋值；
%＝   取模赋值；
&＝   逻辑与赋值；
|＝   逻辑或赋值；
^＝   逻辑异或赋值；
~＝   逻辑非赋值；
>>＝   右移位赋值；
<<＝   左移位赋值。

进行复合赋值时，运算的结果赋给运算符左侧的变量，例如：a+＝6 相当于 a＝a+6；a*＝5 相当于 a＝a*5；b&＝0x55 相当于 b＝b&0x55；x>>＝2 相当于 x＝x>>2。

(7) 逗号运算符

在 Keil C51 中，逗号","是一个特殊的运算符，可以用它将两个或两个以上的表达式连接起来，格式为：

表达式 1，表达式 2，……，表达式 n

程序执行时，按从左至右的顺序依次计算出各个表达式的值，取最右边的表达式（表达式 n）的值。例如：x＝(a＝3，6*3)，结果 x 的值为 18。

(8) 条件运算符

条件运算符"？:"是一个三目运算符，它将三个表达式连接在一起，构成一个条件表达式，格式为：

逻辑表达式？表达式 1：表达式 2

程序执行时，先计算逻辑表达式，当逻辑表达式为真（1）时，将表达式 1 的值作为整个条件表达式的值；当逻辑表达式为假（0）时，将表达式 2 的值作为整个条件表达式的值。例如：max＝(a>b)? a:b，执行结果是将 a 和 b 中较大的数赋值给变量 max。

(9) 指针与地址运算符

C 语言提供了两个专门的运算符：

*   指针运算符；
&   地址运算符。

指针运算符"*"放在指针变量前面，可访问指针变量所指向的存储单元的内容。例如，设指针变量 p 中保存的地址为 2000H，则 *p 可访问 2000H 存储单元的内容，而 x＝*p 即把 2000H 存储单元的内容送给变量 x。

地址运算符"&"放在变量的前面，以取得变量的地址。例如：设变量 x 的地址为 2000H，则 &x 的值为 2000H，而 p＝&x 将 x 变量的地址送给指针变量 p，以后就可以通过 *p 取得变量 x 的值。

6. 表达式语句及复合语句

（1）表达式语句

在表达式的后边加一个分号";"就构成了表达式语句，如：

a=++b*9;

x=8;y=7;

++k;

一行可以放多个表达式语句；仅由一个分号";"形成的表达式语句称为空语句，空语句不执行任何操作，一般用于循环结构中。

（2）复合语句

在 C51 中，用一个大括号"{ }"将若干条语句括在一起，就形成了一个复合语句。复合语句在执行时，其中的各条单语句按顺序依次执行，整个复合语句在语法上等价于一条单语句。实际上函数的执行部分（即函数体）就是一个复合语句. 在复合语句内部所定义的变量称为该复合语句中的局部变量，它仅在当前复合语句中有效。

四、程序基本结构与相关语句

C51 程序有顺序结构、选择结构、循环结构三种基本结构。

1. 顺序结构

在这种结构中，程序由低地址到高地址依次执行，如图 2-5 中，程序先执行 A 操作，然后再执行 B 操作。

2. 选择结构

在选择结构中，程序先对一个条件进行判断，当条件成立时执行一个分支，当条件不成立时执行另一个分支。如图 2-6 中，当条件成立时执行分支 A，当条件不成立时执行分支 B。

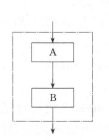

图 2-5　顺序结构流程图

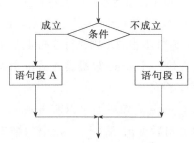

图 2-6　选择结构流程图

在 C51 中，实现选择结构的语句为 if 语句或者 if-else 语句，如果是多分支结构，还可用 swith-case 语句实现。

（1）if 语句（if/else 语句）

if 语句通常格式为：

　　if(表达式)

　　　　表达式语句或复合语句

if-else 语句的通常格式为：
  if(表达式)
   语句 1
  else
   语句 2
 ……

还可采用如下嵌套结构：
  if(表达式 1)
   语句 1
  else if(表达式 2)
   语句 2
 ……
  else if(表达式 n)
   语句 n

（2）switch-case 语句

switch-case 语句的格式如下：
switch（表达式）
{
  case 常量表达式 1：语句 1 break；
  case 常量表达式 2：语句 2 break；
  ……
  case 常量表达式 n：语句 n break；
  default：语句 $n+1$
}

当 switch 后面括号内的表达式的值与某一 case 后面的常量表达式的值相等时，就执行该 case 后面的语句，当执行到 break 语句后，退出 switch-case 语句。若表达式的值与所有 case 后的常量表达式的值都不相同，则执行 default 后面的语句，然后退出 switch-case 语句。

注意每一个 case 常量表达式的值必须不同，case 语句和 default 语句出现的次序对执行过程没有影响。

每个 case 语句后面可以有 break，也可以没有。如果有 break，则执行完该 break 前面对应的语句后退出 switch-else 语句结构；若没有，则在执行完该 break 前面对应的语句后会继续执行后面的语句。

注意，每一个 case 后面可以有几个语句，还可以是空语句。

3. 循环结构

循环结构就是能够使程序段重复执行的结构。构成循环结构的语句包括以下几种。

（1）while 语句

while 语句的格式如下：
   while（表达式）

语句

当 while 语句后面括号内的表达式为真时,就重复执行循环体内的语句,否则程序执行循环结构之后的下一条语句。它的特点是:先判断条件,后执行循环语句,每执行一次循环语句后,就对条件重新进行判断,若条件成立,就再次执行循环语句,直至条件不成立退出循环。while 语句循环结构的流程图如图 2-7 所示。

(2) do - while 语句

do-while 语句结构如下:
    do
      语句
    while(表达式)

它的特点是先执行循环体中的语句,后判断表达式,如果表达式成立(真),则再执行循环体语句,然后再次判断表达式是否成立,直到表达式不成立(假),退出循环。do-while 语句在执行时,循环体内的语句至少会被执行一次。do-while 循环结构流程图如图 2-8 所示。

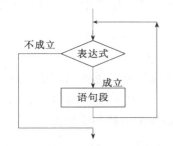

图 2-7 while 语句循环结构流程图

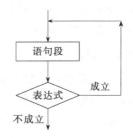

图 2-8 do - while 循环结构流程图

(3) for 语句

for 语句的格式一般如下:
  for(表达式 1;表达式 2;表达式 3)
    语句

在 for 语句中,表达式 1 为初值表达式,用于给循环变量赋初值;表达式 2 为条件表达式,对循环变量进行判断;表达式 3 为循环变量更新表达式,用于对循环变量的值进行更新。

for 语句的执行过程如下:先计算表达式 1,再计算出表达式 2 的值,如果表达式 2 的值为真,则执行循环体中的语句,并求解表达式 3,然后再次计算表达式 2 的值并进行判断,如此循环。如果表达式 2 的值为假,则退出 for 语句循环。for 循环结构流程图如图 2-9 所示。

(4) 循环嵌套

在一个循环体中允许再包含一个完整的循环结构,这种结构称为循环嵌套,其中外面的循环称为外循环,里面的循环称为内

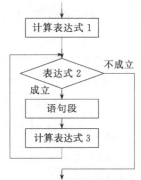

图 2-9 for 循环结构流程图

循环。如果在内循环的循环体内又包含循环结构，就构成了多重循环。在 C51 中允许三种循环结构相互嵌套。下面的代码为用嵌套结构构造一个延时程序：

```
void delay(unsigned int x)
{
unsigned char j;
while(x--)
{for (j=0;j<125;j++);}
}
```

（5）break 语句和 continue 语句

前面已介绍过，用 break 语句可以跳出 switch 结构，使程序继续执行 switch 结构后面的语句。使用 break 语句还可以直接从循环体中跳出，提前结束循环。break 语句不能用在除循环语句和 switch 语句之外的任何其它语句中。

continue 语句用在循环结构中，用于跳过循环体中 continue 后面尚未执行的语句，结束本次循环，直接进行下一次判定。

continue 语句和 break 语句的区别在于：continue 语句只是结束本次循环，不是终止整个循环；break 语句则是结束循环，不再进行条件判断。

（6）return 语句

return 语句一般放在函数的最后位置，用于终止函数的执行，返回调用该函数时所处的位置。return 语句格式有两种：return；return（表达式）。对于前者，函数将返回一个不确定的值；对于后者，要计算表达式的值，并将表达式的值作为函数的返回值。

【项目实施】

一、设计方案

汽车转向灯单片机控制系统要求在汽车进行左转弯、右转弯时，实现对前后信号指示灯的控制。汽车转向灯单片机控制系统由 AT89S51 芯片、时钟电路、复位电路、电源、LED 显示电路、按键电路构成。驾驶员发出的命令与转向灯显示状态如表 2-4 所示。

本系统采用 4 个发光二极管来模拟汽车左右转向灯。分别用单片机的 P1.0 和 P1.1 引脚连接开关 S0、S1，模拟驾驶员的左转、右转命令；P1.4 和 P1.5 引脚控制模拟左转向灯的发光二极管的亮灭，P1.6 和 P1.7 引脚控制模拟右转向灯的发光二极管的亮灭。

表 2-4 驾驶员发出的命令与转向灯显示状态

驾驶员命令	开关状态		转向灯显示状态	
	S0	S1	左转向灯	右转向灯
未发出命令	0	0	灭	灭
左转显示命令	1	0	闪烁	灭
右转显示命令	0	1	灭	闪烁
故障显示命令	1	1	闪烁	闪烁

二、硬件电路

系统采用 AT89S51 单片机作为微控制器。输入信号通过按键开关经连到单片机的 P1 口，当驾驶员按下某个开关时，控制命令传给单片机，驱动相应的灯组进行工作。汽车转向灯硬件电路原理图如图 2-10 所示。电路所需用仿真元器件见表 2-5。

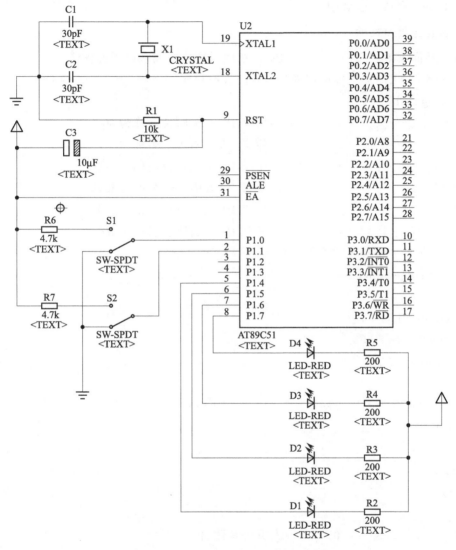

图 2-10　汽车转向灯硬件电路原理图

表 2-5　电路所需用仿真元器件

元器件名称	标识	数量	元器件名称	标识	数量
单片机	AT89S51	1	电阻	RES	7
晶振	CRYSTAL	1	发光二极管	LED-RED	4
电容	CAP	4	开关	SW-SPDT	2
电解电容	CAP-ELEC	1			

三、源程序设计与调试

(1) 创建项目

在 D 盘上建立一个文件夹 xm02,用来存放本项目所有的文件。

启动"Keil uVision2 专业汉化版",进入 Keil C51 开发环境,新建名为 pro1 的项目,保存在 D 盘的文件夹 xm02 中。

(2) 建立源程序文件

单击主界面菜单"文件"—"新建",在编辑窗口中输入以下源程序。

```c
//****************模拟控制汽车转向灯源程序******************
#include <reg51.h>
sbit s0=P1^0;                //定义 P1.0 引脚位名称为 s0
sbit s1=P1^1;                //定义 P1.1 引脚位名称为 s1
sbit ledl1=P1^4;             //定义 P1.4 引脚位名称为 ledl1
sbit ledl2=P1^5;             //定义 P1.5 引脚位名称为 ledl2
sbit ledr1=P1^6;             //定义 P1.6 引脚位名称为 ledr1
sbit ledr2=P1^7;             //定义 P1.7 引脚位名称为 ledr2
//*****************延时程序******************
void delay(unsigned char k)
{
    unsigned char i,j;
    for(i=0;i<k;i++)
        for(j=0;j<200;j++);
}
//*****************主函数******************
void main()
{
    P1=0xff;
    while(1)
    {
        if(s0==0 && s1==0)        //开关都闭合
        {
            ledl1=0;
            ledl2=0;
            ledr1=0;
            ledr2=0;
            delay(200);
            ledl1=1;
            ledl2=1;
```

```
        ledr1=1;
        ledr2=1;
        delay(200);
    }
    else if(s0==0 && s1!=0)    //左转向开关闭合
    {
      ledl1=0;                  //左转向灯亮
      ledl2=0;
        delay(200);
        ledl1=1;
      ledl2=1;
        delay(200);
    }
    else if(s0!=0 && s1==0)    //右转向开关闭合
    {
      ledr1=0;                  //右转向灯亮
      ledr2=0;
      delay(200);
      ledr1=1;
      ledr2=1;
      delay(200);
    }
    else                        //左右开关无操作
    {
      ledl1=1;
      ledl2=1;
      ledr1=1;
      ledr2=1;
    }
  }
}
```

程序输入完成后,选择"文件"—"另存为",将该文件以名字 pro2.c 保存在刚才建立的文件夹 xm02 中。

(3) 添加文件到当前项目组中

单击工程管理器中"Target 1"前的"+"号,出现"Source Group1",加亮后右键右击,在出现的快捷菜单中选择"Add Files to Group'Source Group1'",在对话框中选择刚才编辑的文件 pro2.c,单击"ADD"按钮,这时 pro2.c 文件便加入 Source Group1 这个组里了。

（4）编译文件

单击主菜单栏中的"项目"—"重新构造所有对象文件"选项，输出窗口出现源程序的编译结果。如果编译出错，会给出错误（ERROR）的类型和行号。我们可以根据输出窗口的提示重新修改源程序，直至编译通过为止，编译通过后将输出一个以 HEX 为后缀名的目标文件。

四、Proteus 仿真

1. 新建设计文件

运行 Proteus 的 ISIS，进入仿真软件的主界面，执行"文件"—"新建设计文件"命令，弹出对话框，选择合适的模板（通常选择 DEFAULT）。单击主工具栏的保存文件按钮，在弹出的 Save ISIS Design File 对话框中选择保存目录（D:\xm02），输入文件名称 sj02，保存类型采用默认值（.DSN）。单击保存按钮，完成新建设计文件工作。

2. 绘制电路图

放置元器件、电源和地（终端），绘制电路图连线，并进行电气规则检查。

3. 电路仿真

把刚才编译生成的目标文件加载到 Proeus 的单片机中，按下仿真按钮，切换开关，观察仿真结果，见图 2-11。

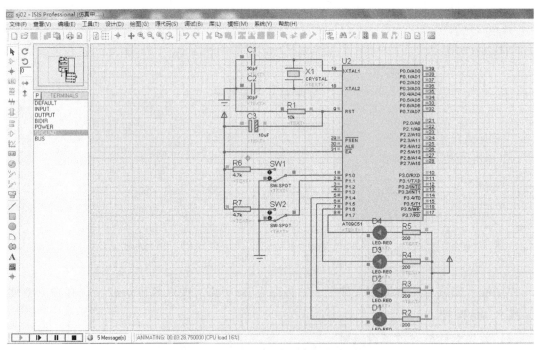

图 2-11 汽车转向灯设计系统仿真结果

【拓展与提高】

下面对汽车转向灯设计系统的源程序采用 switch-case 语句实现，功能不变。

```c
unsigned char flag;
P1=0xff;
while(1)
{
    flag=P1;
    flag=flag & 0x03;
    switch(flag)
    {
        case 0:                    //左右转向开关都闭合
            ledl1=0;
            ledl2=0;
            ledr1=0;
            ledr2=0;
            delay(200);
            ledl1=1;
            ledl2=1;
            ledr1=1;
            ledr2=1;
            delay(200);
            break;
        case 1:                    //右转向开关闭合
            ledr1=0;               //右转向灯亮
            ledr2=0;
            delay(200);
            ledr1=1;
            ledr2=1;
            delay(200);
            break;
        case 2:                    //左转向开关闭合
            ledl1=0;               //左转向灯亮
            ledl2=0;
            delay(200);
            ledl1=1;
            ledl2=1;
            delay(200);
            break;
        default:                   //左右开关无操作
            ledl1=1;
            ledl2=1;
```

```
            ledr1=1;
            ledr2=1;
        }
    }
```

【项目小结】

本项目主要讲述了以下内容：

① AT89S51 的并行 I/O 口。AT89S51 单片机共有四个双向并行 I/O 口，分别记为 P0、P1、P2 和 P3，其中输出锁存器属于特殊功能寄存器。I/O 口的每一位均由输出锁存器、输出驱动器和输入缓冲器组成；这四个端口可按字节进行输入/输出，还可以按位寻址，便于位控功能的实现。

② Keil C51 程序的基本结构。Keil C51 程序采用函数结构，程序的基本单位是函数。每个程序由一个或多个函数组成，在这些函数中至少应包含一个主函数 main()，主函数 main() 是程序的入口，不管 main() 函数放于何处，程序总是从 main() 函数开始执行，执行到 main() 函数结束则程序结束。在 main() 函数中可调用其它函数，main() 函数不能被其它函数调用，其它函数也可以相互调用。

③ 单片机 Keil C51 语法基础，包括 Keil C51 系统的标识符和关键字、数据类型、运算符和表达式、程序的基本结构（顺序结构、选择结构和循环结构）及相关语句。

④ 汽车转向灯单片机控制系统分析与实施，包括绘制系统原理图，编写能够实现系统功能的 C 语言源程序并添加到项目中，编译生成 .Hex 文件；加载目标文件到单片机 AT89S51 中，按仿真按钮观察结果。

【项目训练】

一、选择题

1. 当 AT89S51 外扩存储器或 I/O 时，____口作为单片机系统复用的地址/数据总线使用。
   A. P0   B. P1   C. P2   D. P3

2. 当 AT89S51 外扩存储器或 I/O 时，____可作为高 8 位地址线使用。
   A. P0   B. P1   C. P2   D. P3

3. 组成 C 语言程序的是____。
   A. 子程序   B. 过程   C. 函数   D. 主程序和子程序

4. 下面叙述不正确的是____。
   A. 一个 C 源程序可以由一个或多个函数组成
   B. 一个 C 源程序必须包含一个主函数 main( )
   C. 在 C 程序中，注释说明只能位于一条语句的后面
   D. C 程序的基本组成部分单位是函数

5. C 语言提供的合法的数据类型关键字是____。
   A. Double   B. short   C. integer   D. Char

6. 以下选项中不合法的用户标识符是____。

A. _123　　　　　B. printf　　　　　C. A$　　　　　D. Dim

7. C 语言中运算对象必须是整型的运算符是____。

A. %　　　　　B. /　　　　　C. !　　　　　D. *

8. 下列可用作 C 程序用户标识符的一组标识符是____。

A. void　define　word　　　　　B. as_b3　_123　lf
C. For　-abc　case　　　　　　　D. 2c　While　SIG

二、填空题

1. _____是 C 程序的基本单位。

2. C51 程序中至少有一个_____函数。

3. C51 程序中，单行注释的形式是_____，多行注释的形式是_____。

4. while 语句和 do-while 语句的区别在于：_____语句是先执行、后判断；而_____语句是先判断、后执行。

5. 结构化程序设计的三种基本结构是_____、_____、_____。

6. AT89S51 单片机的 P0～P4 口均是_____I/O 口，其中的 P0 口和 P2 口除了可以进行数据的输入、输出外，通常还用来构建系统的_____和_____，在 P0～P4 口中，_____为真正的双向口，_____为准双向口。

三、程序分析与填空

1. 下面的 while 循环执行了____次空语句。

i＝3；
while(i！＝0)；

2. 下列程序用于点亮第一个发光二极管，请填空。

＃include〈reg51.h〉　　//51 系列单片机头文件
sbit _____　　//声明单片机 P1 口的第一位为 led1
void main()　　　　　　//主函数
{
led1＝0；　　　　　　　//
}

3. 将下面的程序补充完整。

＃include〈reg51.h〉
_____；
void main()　　{
　　while(1)　　　　{
　　　　P1＝0xFF；
　　　　_____(1200)；
　　　　P1＝0x00；
　　　　_____(1200)；　　}
}
//函数名:delay

//函数功能:实现软件延时
//形式参数:整型变量i,控制循环次数　　//返回值:无
```
void delay(unsigned int i)
{
unsigned int k;
for(k=0;k<i;k++);
}
```

四、设计题

1. 当开关 S1 和 S2 状态相同时，LED1 闪烁，当开关 S1 和 S2 状态相异时，LED2 闪烁，S3 接通时，LED1 和 LED2 均熄灭，请画出电路原理图，编写程序实现此功能，并进行仿真。

2. 设计程序，实现以下功能：8 个 LED 从左到右循环依次点亮，产生走马灯效果。要求使用循环语句完成，画出电路原理图并仿真。

项目三 故障报警器设计

【项目描述】

本项目要求采用外部中断机制,利用外部中断优先级控制完成两个报警信号的报警。当开关合上时,发出报警声音,LED 数码管显示报警号,同时发光二极管闪烁,蜂鸣器发出蜂鸣声。本项目学习目标如下:

- 掌握单片机中断系统的基本概念。
- 掌握 AT89S51 单片机的中断控制系统。
- 掌握中断处理过程与 Keil C51 中断函数。
- 掌握数组的概念和引用。
- 掌握 LED 数码管的结构分类。

【知识准备】

一、中断的基本概念

中断是指计算机在执行某一程序的过程中,由于计算机系统内、外的某种原因而必须终止原程序的执行,转去执行相应的处理程序,待处理结束之后,再回来继续执行被终止的原程序的过程,中断响应的过程如图 3-1 所示。

当计算机正在处理某一中断请求的时候,如果发生另一个优先级比它高的中断请求,则计算机暂停当前正在处理的中断服务程序,转而处理这个优先级更高的中断请求,待处理完后再回来处理级别较低的中断请求。这种中断处理方式称为中断嵌套,具有中断嵌套的系统称为多级中断系统,没有中断嵌套的系统称为单级中断系统。

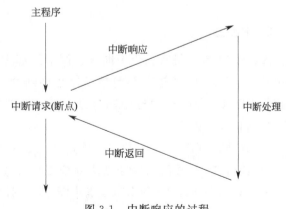

图 3-1 中断响应的过程

采用了中断技术的计算机，可以有效地解决快速 CPU 与慢速外设之间的速度匹配问题，使 CPU 与外设并行工作，及时处理控制系统中许多随机的参数与信息，使计算机具备实时处理故障的能力，大大提高了工作效率，增强了控制系统的实时性能。

二、AT89S51 单片机的中断系统

1. 中断系统的结构

AT89S51 中断系统结构图如图 3-2 所示。中断系统具有两个中断优先级，可实现两级中断服务程序嵌套；有五个中断请求源（简称中断源），每一中断源可用软件设定为允许中断状态或关中断状态，中断优先级均可通过软件来设置。

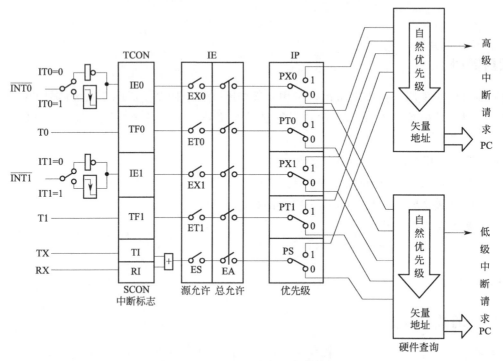

图 3-2 AT89S51 中断系统结构图

2. 中断源

AT89S51 单片机有五个中断源：两个外部中断源——$\overline{INT0}$（外部中断 0）、$\overline{INT1}$（外部中断 1），两个片内定时器/计数器溢出中断源——T0、T1，一个串行口中断源（包含串行接收中断 RI 和串行发送中断 TI）。五个中断请求源的中断请求标志分别由 TCON 和 SCON 的相应位锁存。

外部中断 0（$\overline{INT0}$）中断请求对应 P3.2；外部中断 1（$\overline{INT1}$）中断请求对应 P3.3；定时器/计数器 T0 计数溢出中断请求对应 P3.4；定时器/计数器 T1 计数溢出中断请求对应 P3.5；串行接收中断 RI 和串行发送中断 TI 分别对应 P3.0 和 P3.1。

3. 中断请求标志寄存器

外部中断 0（$\overline{INT0}$）中断请求标志为 IE0，外部中断 1（$\overline{INT1}$）中断请求标志为 IE1，

定时器/计数器 T0 中断请求标志为 TF0，定时器/计数器 T1 中断请求标志为 TF1，串行口接收中断请求标志和发送中断请求标志分别为 RI 和 TI。

(1) 定时器/计数器控制寄存器 TCON

定时器/计数器控制寄存器 TCON 的字节地址为 88H，为特殊功能寄存器，可进行位寻址，中断请求标志位如图 3-3 所示。

	D7	D6	D5	D4	D3	D2	D1	D0	
TCON	TF1	TR1	TF0	TR0	IE1	IT1	IE0	IT0	88H
位地址	8FH	—	8DH	—	8BH	8AH	89H	88H	

图 3-3 TCON 的中断请求标志位

各标志位的功能如下：

① TF1 定时器/计数器 T1 的溢出中断请求标志位。当 T1 计数产生溢出时，TF1 置 "1"，向 CPU 申请中断，一直保持到 CPU 响应 TF1 中断。TF1 标志可由硬件或软件清零。

② TF0 定时器/计数器 T0 的溢出中断请求标志位，功能与 TF1 类似。

③ IE1 外部中断请求 1 的中断请求标志位。IE1=1 时，发起外部中断请求，当 CPU 响应该中断时，由硬件对 IE1 清零（采用边沿触发方式）。

④ IE0 外部中断请求 0 的中断请求标志位，功能与 IE1 类似。

⑤ IT1 确定外部中断请求 1 为下降沿触发方式还是低电平触发方式，通过软件设置实现。IT1=0 时，采用低电平触发方式，低电平有效，并把 IE1 置 "1"，向 CPU 请求中断处理，当 CPU 响应该中断后，由硬件自动把 IE1 清零。IT1=1 时，采用边沿触发方式，下降沿有效（即引脚上的外部中断请求信号电平由高向低跳变时有效），并把 IE1 置 "1"，向 CPU 请求中断处理，当 CPU 响应该中断后，由硬件自动把 IE1 清零。

⑥ IT0 确定外部中断请求 0 为边沿触发方式还是电平触发方式，其意义与 IT1 类似。

AT89S51 复位后，TCON 清零，五个中断源的中断请求标志均为 0。TR1、TR0 这两位与中断系统无关，我们将在定时器/计数器内容中介绍。

(2) 串行口控制寄存器 SCON

SCON 串行口控制寄存器的字节地址为 98H，可进行位寻址，中断请求标志位如图 3-4 所示。

	D7	D6	D5	D4	D3	D2	D1	D0	
SCON	—	—	—	—	—	—	TI	RI	98H
位地址	—	—	—	—	—	—	99H	98H	

图 3-4 SCON 的中断请求标志位

各标志位的功能如下：

① TI 串行口发送中断请求标志位。串行口每发送完一帧串行数据，TI 自动置 "1"。TI 标志须在中断服务程序中通过软件清零。

② RI 串行口接收中断请求标志位。串行口每接收完一个串行数据帧，RI 自动置 "1"，RI 标志也须在中断服务程序中通过软件清零。

4. 中断允许寄存器 IE

CPU 对中断源的开放或屏蔽由片内的中断允许寄存器 IE 控制，IE 的字节地址为 A8H，可进行位寻址，如图 3-5 所示。

	D7	D6	D5	D4	D3	D2	D1	D0	
IE	EA	—	—	ES	ET1	EX1	ET0	EX0	A8H
位地址	AFH	—	—	ACH	ABH	AAH	A9H	A8H	

图 3-5 中断允许寄存器 IE

中断允许寄存器 IE 对中断的开放和关闭实现两级控制，其各位的含义如下：

① EA　中断允许总控制位。EA＝0，禁止中断；EA＝1，允许中断。对各中断源的中断请求是否允许，还要看各中断源的中断允许控制位的状态，这就是所谓的两级控制。

② ES　串行口中断允许位。ES＝0，禁止串行口中断；ES＝1，允许串行口中断。

③ ET1　定时器/计数器 T1 溢出中断允许位。ET1＝0，禁止 T1 中断；ET1＝1，允许 T1 中断。

④ EX1　外部中断 1 的中断允许位。EX1＝0，禁止外部中断 1 中断；EX1＝1，允许外部中断 1 中断。

⑤ ET0　定时器/计数器 T0 的溢出中断允许位。ET0＝0，禁止 T0 中断；ET0＝1，允许 T0 中断。

⑥ EX0　外部中断 0 的中断允许位。EX0＝0，禁止外部中断 0 中断；EX0＝1，允许外部中断 0 中断。

AT89S51 复位以后，IE 被清零，所有中断请求被禁止。

IE 的内容可由位操作语句或字节操作语句更改。

下面举例说明，若允许片内两个定时器/计数器中断，并禁止其他中断源的中断请求，可用下列指令。

(1) 用位操作指令

ES＝0；　　//禁止串行口中断

EX0＝0；　//禁止外部中断 0 中断

EX1＝0；　//禁止外部中断 1 中断

ET0＝1；　//允许定时器/计数器 T0 中断

ET1＝1；　//允许定时器/计数器 T1 中断

EA＝1；　　//总中断开关位开放

(2) 用字节操作指令

IE＝0x8A；

上述两段程序对 IE 的设置是相同的。

5. 中断优先级寄存器 IP

由于中断是随机产生的，中断源一般又不止一个，因此往往会出现几个中断源同时请求中断，或者某一个中断请求正在响应中（正在执行中断服务程序），而又出现其它中断请求的情况。CPU 先处理高优先级的中断请求，同级或较低级的中断请求不能打断当前的中断响应。AT89S51 设置了两个中断优先级，能实现两级中断嵌套，如图 3-6 所示。

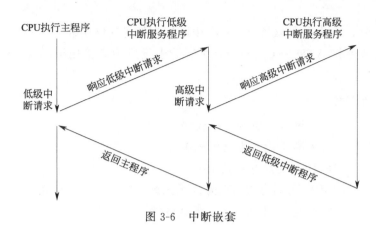

图 3-6　中断嵌套

图 3-7 所示为 AT89S51 中断查询顺序。

中断源	优先级
外部中断源 0 中断	高级
定时器/计数器 T0 溢出中断	↓
外部中断源 1 中断	
定时器/计数器 T1 溢出中断	
串行口中断	低级

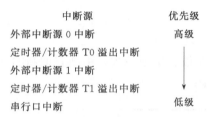

图 3-7　AT89S51 中断查询顺序

AT89S51 单片机有一个中断优先级寄存器 IP，字节地址为 B8H，可进行位寻址。对于每一个中断源，均可通过对寄存器 IP 的设置来确定其优先等级，置 1 为高优先级，置 0 为低优先级。IP 寄存器的格式如图 3-8 所示。

	D7	D6	D5	D4	D3	D2	D1	D0	
IP	—	—	—	PS	PT1	PX1	PT0	PX0	B8H
位地址	—	—	—	BCH	BBH	BAH	B9H	B8H	

图 3-8　中断优先级寄存器 IP

中断优先级寄存器 IP 各位的含义：

① PS　串行口中断优先级控制位，PS =1，高优先级中断；PS=0，低优先级中断。

② PT1　定时器 T1 中断优先级控制位，PT1=1，高优先级中断；PT1=0，低优先级中断。

③ PX1　外部中断 1 中断优先级控制位，PX1=1，高优先级中断；PX1=0，低优先级中断。

④ PT0　定时器 T0 中断优先级控制位，PT0=1，高优先级中断；PT0=0，低优先级中断。

⑤ PX0　外部中断 0 中断优先级控制位，PX0=1，高优先级中断；PX0=0，低优先级中断。

中断优先级控制寄存器 IP 的内容可通过位操作指令或字节操作指令更新，以改变中断优先级。

单片机复位时，IP 各位都被置 0，所有中断源为低优先级中断。

例如，下列指令将 AT89S51 的两个外中断请求设置为高优先级，其它中断请求设置为低优先级。

(1) 用位操作指令

PX0＝1；　　//外中断 0 设置为高优先级
PX1＝1；　　//外中断 1 设置为高优先级
PS＝0；　　 //串行口设置为低优先级
PT0＝0；　　//定时器/计数器 T0 为低优先级
PT1＝0；　　//定时器/计数器 T1 为低优先级

(2) 用字节操作指令

IP＝0x05；

三、中断处理过程

中断处理过程可分为三个阶段：中断请求，中断查询和响应，中断处理并返回。单片机处理中断时的程序跳转过程如图 3-9 所示。

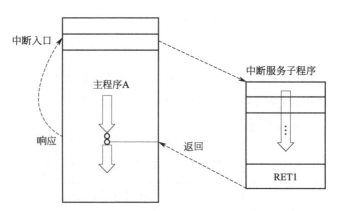

图 3-9　单片机处理中断时的程序跳转过程

1. 中断请求

外部中断的中断请求信号要从 P3.2 和 P3.3 两个引脚输入。中断控制系统在每个机器周期内对引脚信号进行采样，根据采样结果设置中断请求标志位，中断请求完成后，中断请求标志位置 1。

2. 中断查询和响应

中断查询和响应是由 CPU 自动完成的。

(1) 中断查询

在进行中断查询时，CPU 检测 TCON 和 SCON 的各标志位，以判断中断请求的状况。AT89S51 在每一个机器周期的最后一个状态（S6），按优先级顺序对中断请求标志位进行查询,如果查询到有标志位被置 1,且具备响应中断的条件,那么就在下一个机器周期的 S1 状态开始进行响应中断。

(2) 响应中断的条件

CPU 并非任何时刻都响应中断请求,必须先满足基本条件:

① 有中断源发出中断请求;

② 中断总允许位 EA=1;

③ 申请中断的中断源允许置位。

但若有下列任何一种情况存在,则中断请求被封锁:

① CPU 正在处理同级或高优先级的中断。

② 当前指令未执行完,只有在当前指令执行完毕后,才能进行中断响应,以确保当前指令执行的完整性。

③ 正在执行中断返回指令 IRET,或正在执行访问专用寄存器 IE 和 IP 的指令,按照 AT89S51 的规定,在执行完这些指令后,需要再执行完一条指令,才能响应新的中断请求。

(3) 中断响应的过程

CPU 查询到有效的中断请求后,如果满足上述条件,紧接着就进行中断响应,首先由硬件自动生成一条长调用指令:LCALL addr16,转向程序存储区中的相应中断入口地址,例如,对于外部中断 1 的响应,硬件自动生成的长调用指令为:

LCALL   0013H

然后将程序计数器 PC 的内容压入堆栈以保护断点,再将中断入口地址装入 PC,使程序转向响应中断请求的中断入口地址。

各中断源服务程序的入口地址如表 3-1 所示。

表 3-1 各中断源服务程序的入口地址

中断源	入口地址
外部中断 0	0003H
定时器/计数器 T0	000BH
外部中断 1	0013H
定时器/计数器 T1	001BH
串行口	0023H

(4) 外部中断的响应时间

外部中断响应的最短时间为三个机器周期,其中,中断请求标志位查询占一个机器周期,这个机器周期恰好处于指令的最后一个机器周期,这个机器周期结束后,中断即被响应,CPU 接着执行一条硬件子程序调用指令 LCALL,使程序转到相应中断服务程序入口,这需要两个机器周期。

外部中断响应的最长时间为八个机器周期。CPU 执行中断标志查询时,若刚好开始执行 RETI 指令或访问 IE 或 IP 的指令,则需执行完指令后,再继续执行一条指令,才开始响应中断。执行 RETI 指令或访问 IE 或 IP 的指令,最长需要两个机器周期,紧接着再执行的那条指令,最长需要四个机器周期(例如乘法指令 MUL 和除法指令 DIV),再加上硬件子程序调用指令 LCALL，需要两个机器周期，所以，外部中断响应的最长时间为八个机器周期。

(5) 中断请求的撤除

CPU 响应中断请求后，即进入中断服务程序。在中断返回前，应撤除该中断请求，否则会重复引起中断而导致错误。

① 定时器/计数器中断请求的撤除　对于定时器 0 或定时器 1 中断，CPU 在响应中断后，由硬件自动清除其中断标志位 TF0 或 TF1，无需采取其他措施。

② 串行口中断请求的撤除　对于串行口的中断，CPU 无法知道是接收中断还是发送中断，因此需测试这两个中断标志位，以判定是接收操作还是发送操作，然后才清除。所以串行口中断请求的撤除只能使用软件方法，在中断服务程序中用如下指令对串行口中断标志位进行清除：

TI＝0；　　　//清 TI 标志位
RI＝0；　　　//清 RI 标志位

③ 外部中断请求的撤除　外部中断请求的撤除实际上包括外部中断请求信号的撤除和中断请求标志位的撤除这两项操作。中断请求标志位在 CPU 响应中断时由硬件自动复位。外部中断请求信号有两种触发方式：低电平触发和下降沿触发，对于下降沿触发方式，中断请求信号的撤除是自动完成的；对于低电平触发方式，需在中断响应后把中断请求信号输入引脚从低电平强制变为高电平，如图 3-10 所示。

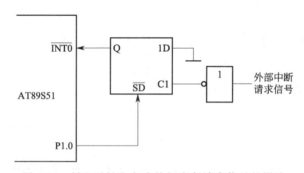

图 3-10　低电平触发方式外部中断请求信号的撤除

图 3-10 中，D 触发器锁存外来的中断请求信号，$\overline{SD}$ 端接 AT89S51 的 P1.0 端，只要 P1.0 端输出一个负脉冲，就可以使 D 触发器 Q 端置"1"，从而撤销低电平中断请求信号。

负脉冲可在中断服务程序中增加如下指令获得：

sbit　P1_0＝P1^0；　　//P1_0 为 P1 口的 D0 位
P1_0＝0x01；　　　　//P1.0 为"1"
P1_0＝0xFE；　　　　//P1.0 为"0"
P1_0＝0x01；　　　　//P1.0 为"1"

3. 中断处理和中断返回

(1) 中断处理

CPU 响应中断后，系统转至中断服务程序的入口，执行中断服务程序，从中断服务程序的第一条指令开始到返回指令 RETI 为止，这个过程称为中断处理或中断服务。中断服务程序的最后一条指令必须为中断返回指令 RETI。中断服务程序一般包括两部分内容：一是保护现场（现场是指单片机中某些寄存器和存储单元中的数据，为使中断服务子程序的执行不破坏这些数据，要把它们送入堆栈保存起来，这就是保护现场。现场保护一定要位于中断处理程序的前面），二是完成中断源请求的服务。

通常，主程序和中断服务程序都会用到累加器 A、程序状态寄存器 PSW 及其他一些寄存器，当 CPU 进入中断服务程序用到上述寄存器时，会破坏存储在这些寄存器中的内容，如果不预先保存这些内容，一旦中断返回，将会导致主程序混乱。因此，在进入中断服务程序后，一般要先保护现场，然后执行中断处理程序，中断处理结束后，在返回主程序前，把保存的现场内容从堆栈中弹出，这就是恢复现场。

各中断源的中断入口地址之间只相隔八个字节，因此，在中断入口地址单元通常存放一条无条件转移指令，将中断服务程序安排在存储器其他空间。

若要在执行当前中断程序时禁止其他更高优先级的中断，需先用软件关闭中断，在中断返回前再开放中断。

为了在保护和恢复现场前保障现场数据不遭到破坏，在编写中断服务程序时一般关闭中断，恢复现场之后再根据具体需要打开中断。

（2）中断返回

中断返回是指中断服务程序完成后，通过中断返回指令 RETI，使系统返回原来程序的断开位置（即断点），把断点地址从堆栈中弹出，送到程序计数器 PC，并同时清除优先级状态触发器。

四、中断服务程序编写

中断服务程序是一种特殊的函数，又称为中断函数。中断服务程序的定义格式如下：

void 函数名() interrupt n [using m]

关键字 interrupt 表示将函数声明为中断服务函数，后面的整数 n 表示中断处理函数所对应的中断号，对于 AT89S51 单片机，n 的取值范围是 0~4，其中 0 表示外部中断 0，1 表示定时器/计数器 0 溢出中断，2 表示外部中断 1，3 表示定时器/计数器 1 溢出中断，4 表示串行口发送与接收中断。using m 定义函数使用的工作寄存器组，整数 m 的取值为 0~3，表示使用的寄存器组的编号，在函数入口处，当前寄存器组内容被保存，系统使用 m 指定的寄存器组；函数退出时，被保存的原寄存器组内容恢复。

编写中断服务程序时，无需关心寄存器 ACC、B、DPH、DPL、PSW 等的内容保护，编译器会根据上述寄存器的使用情况在目标代码中自动实现压栈和出栈。

中断函数应遵循以下规则：

① 中断函数不能进行参数传递；

② 中断函数没有返回值；

③ 不能在其他函数中直接调用中断函数；

④ 若在中断函数中调用了其他函数，则必须保证这些函数和中断函数使用相同的寄存器组。

五、数组

数组是由具有相同类型的数据元素组成的有序集合，其中每一个元素都是一个变量。

引入数组的目的是使用一块连续的内存空间存储多个类型相同的数据。数组与普通变量一样,也必须先定义,后使用。

1. 一维数组

(1) 一维数组的定义

一维数组的定义为:

$$\text{类型说明符 \quad 数组名[常量表达式]};$$

例如:Int a[10],表示数组名为 a,此数组有 10 个元素。数组名的命名规则和变量名相同,遵循标识符命名规则;数组名后面方括号中的常量表达式中不能包含变量。

(2) 一维数组元素的引用

数组元素只能逐个引用,不能一次引用整个数组。数组元素的引用形式为:数组名[下标],例如 a[0],a[5],a[2*3] 等。

(3) 一维数组的初始化

在定义数组时可以对所有数组元素赋值,例如:

$$\text{int a[10]}=\{0,1,2,3,4,5,6,7,8,9\};$$

可以只给一部分数组元素赋值,例如:

$$\text{int a[10]}=\{0,1,2,3,4\};$$

表示只给前面 5 个数组元素赋初值,后 5 个数组元素值为 0。不能写成 int a[10]={0*10} 的形式。

在对全部数组元素赋值时,可以不指定数组长度,系统会自动根据元素数量确定数组的长度。例如:

$$\text{int a[5]}=\{1,2,3,4,5\};$$

可以写成:

$$\text{int a[]}=\{1,2,3,4,5\}$$

2. 二维数组

(1) 二维数组的定义

二维数组的定义一般形式为:

$$\text{类型说明符 数组名[常量表达式][常量表达式]}$$

例如:

$$\text{float a[3][4],b[5][10]};$$

注意不能写成以下形式:

$$\text{float a[3,4],b[5,10]};$$

(2) 二维数组元素的引用

二维数组元素的引用形式为:

$$\text{数组名[行下标表达式][列下标表达式]}$$

行下标表达式和列下标表达式都应是整型表达式或符号常量。

(3) 二维数组的初始化

可以按行赋初值,格式如下:

数据类型　数组名[行常量表达式][列常量表达式]={{第0行初值表},{第1行初值表}…{最后一行初值表}};

赋值规则:将第n行初值表中的数据依次赋给第n行中各元素

还可以按二维数组在内存中的排列顺序给各元素赋初值,格式如下:

数据类型　数组名[行常量表达式][列常量表达式]={初值表};

赋值规则:按二维数组在内存中的排列顺序,将初值表中的数据依次赋给各元素。如果对全部元素都赋初值,则行数可以省略,注意只能省略行数。

3. 字符数组

用来存放字符的数组称为字符数组。字符数组的声明形式与前面介绍的数值数组相同。例如:

　　char c[10];
　　char c[5][10];
　　static char c[]={'c',' ','p','r','o','g','r','a','m'};//在声明时作初始化赋值

C语言中通常用字符数组来存放一个字符串,字符串总是以'\0'作为结束符。因此当把一个字符串存入一个数组时,也把结束符'\0'存入数组,作为该字符串结束的标志。

C51语言允许用字符串的方式对数组作初始化赋值。例如:

$$\text{static char c[]={"C program"};}$$

或:

$$\text{sratic char c[]="C program";}$$

它等价于:

$$\text{static char c[]={'c',' ','p','r','o','g','r','a','m'};}$$

用字符串方式赋值比用字符逐个赋值要多占一个字节,用于存放字符串结束标志'\0'。

4. 多维数组

多维数组的一般说明格式是:

　　类型　数组名[第n维长度][第n-1维长度]…[第1维长度];

例如:

　　int m[3][2];　　　　/*定义一个整数型的二维数组*/
　　char c[2][2][3];　　/*定义一个字符型的三维数组*/

其中数组m[3][2]共有3×2=6个元素,顺序为:m[0][0],m[0][1],m[1][0],m[1][1],m[2][0],m[2][1];数组c[2][2][3]共有2×2×3=12个元素,顺序为:c[0][0][0],c[0][0][1],c[0][0][2],c[0][1][0],c[0][1][1],c[0][1][2],c[1][0][0],c[1][0][1],c[1][0][2],c[1][1][0],c[1][1][1],c[1][1][2]。

数组占用的内存空间(即字节数)的计算式为:第1维长度×第2维长度……×第n维长度×该数组数据类型占用的字节数。

对数组进行初始化有下述规则:

① 数组的每一行初始化时用花括号"{ }",并用逗号分开,最后总的再加一对花括号括起来,最后以分号结束。

② 多维数组存储是连续的,因此可以用一维数组初始化的办法来初始化多维数组。

③ 对数组初始化时，如果初值表中的数据个数比数组元素少，则不足的数组元素用 0 来填补。

六、LED 数码管

LED 数码管由多个发光二极管封装在一起组成，引线已在内部连接完成，LED 数码管常用段数一般为 7 段，有的另加一个显示小数点的 LED 单元，构成 8 段。LED 数码管颜色有红、绿、蓝、黄等几种，应用广泛。LED 数码管实物图和引脚定义分别如图 3-11 和图 3-12 所示。

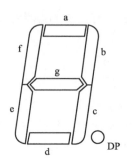

图 3-11　LED 数码管实物图　　　　图 3-12　LED 数码管引脚定义

LED 数码管按发光二极管单元连接方式分为共阳极和共阴极两类，它们的发光原理是一样的，只是它们的电源极性不同而已。共阳极是将所有发光二极管的阳极接到一起，形成公共阳极，在应用时将公共极接到电源＋5V 端，当某一字段发光二极管的阴极为低电平时，相应字段就点亮，反之就不亮。共阴极是指将所有发光二极管的阴极接到一起，形成公共阴极，在应用时将公共极接到地线 GND 上，当某一字段发光二极管的阳极为高电平时，相应字段就点亮。8 段 LED 数码管原理结构如图 3-13 所示。

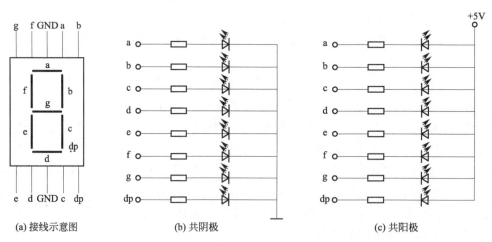

(a) 接线示意图　　　　(b) 共阴极　　　　(c) 共阳极

图 3-13　8 段 LED 数码管原理结构

为了显示某个字形，应使此字形的相应段点亮，也即送一个不同的电平组合代表的数据来控制 LED 显示字形，此数据称为字符段码。8 段数码管的段码为 8 位，用一个字节即可表示。在段码中，段码位与各显示段的对应关系见表 3-2。

表 3-2　段码位与各显示段的对应关系

段码位	D7	D6	D5	D4	D3	D2	D1	D0
显示段	dp	g	f	e	d	c	b	a

LED 数码管的 8 段对应一个字节的 8 位，a 对应最低位，dp 对应最高位。如果想让数码管显示数字 0，那么共阴极的数码管的编码为 00111111，即 0x3f，共阳极数码管的编码为 11000000，即 0xc0。可以看出共阳极和共阴极编码的各位正好相反。LED 数码管的字形编码见表 3-3。

表 3-3　LED 数码管的字形编码

显示字符	共阴极段选码	共阳极段选码	显示字符	共阴极段选码	共阳极段选码
0	3FH	C0H	C	39H	C6H
1	06H	F9H	D	5EH	A1H
2	5BH	A4H	E	79H	86H
3	4FH	B0H	F	71H	84H
4	66H	99H	P	73H	82H
5	6DH	92H	U	3H	C1H
6	7DH	82H	r	31H	CEH
7	07H	F8H	y	6EH	91H
8	7FH	80H	8	FFH	00H
9	6FH	90H	灭	00H	FFH
A	77H	88H	—	40H	BFH
B	7CH	83H		80H	7FH

LED 数码管要正常显示，就要用驱动电路来驱动数码管的各个段，从而显示出我们要的数字。LED 数码管的驱动方式分为静态式和动态式两类。

1. 静态驱动

静态驱动也称直流驱动，是指数码管的每一个段码都由单片机通过 I/O 端口进行驱动，或者由二-十进制译码器驱动。静态驱动的优点是编程简单，显示亮度高，缺点是占用 I/O 端口多，如静态驱动 5 个数码管需要 5×8＝40 个 I/O 端口，而 89S51 单片机可用的 I/O 端口才 32 个，因此必须增加译码驱动器进行驱动，这就增加了硬件电路的复杂性。

2. 动态驱动

动态驱动是将所有 LED 数码管的 8 个显示段的同名端连在一起，并为每个数码管的公共极增加位选通控制电路，位选通由各自独立的 I/O 线控制。当单片机输出字形码时，所有数码管都接收到相同的字形码，但究竟哪个数码管会显示出字形，取决于单片机对位选通电路的控制，没有选通的数码管不会亮。通过分时轮流控制各个数码管的公共端，各个数码管轮流显示，这就是动态驱动。在轮流显示过程中，每位数码管的点亮时间为 1~2ms，由于人的视觉暂留现象及发光二极管的余辉效应，尽管各位数码管并非同时点亮，但只要扫描的速度足够快，给人的印象就是一组稳定的显示数据，不会有闪烁感。动态显示驱动能够节省大量的 I/O 端口，而且功耗更低。

【项目实施】

一、设计方案

根据设计要求及功能分析，系统可分为 AT89S51 主控模块、电源电路、时钟电路、复位电路、报警源电路、显示报警电路、报警灯电路和声音报警电路。系统原理框图如图 3-14 所示。

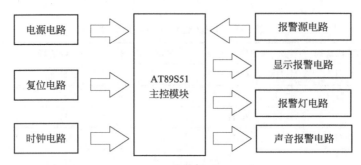

图 3-14 报警系统原理框图

各模块说明：
① 主控模块采用 ATMEL 公司生产的 AT89S51 单片机作为系统的控制器。
② 报警灯电路采用发光二极管作为显示器件。
③ 显示报警电路由 LED 数码管显示数字来说明是哪路出现故障。
④ 声音报警电路采用蜂鸣器发声报警。

二、硬件电路

系统采用 AT89S51 单片机作为控制核心，通过 P3.2 与 P3.3 外部中断输入引脚引入两个外部中断作为报警源，$\overline{INT0}$ 设为高优先级中断。如果有报警信号，即中断源申请中断，系统控制发光二极管闪烁，实现光报警输出，LED 数码管显示数字，表示第几个报警源发生故障，通过蜂鸣器实现声音报警。图 3-15 为报警系统硬件电路原理图。

电路所用主要元器件见表 3-4。

表 3-4 电路所用主要元器件

元器件名称	标识	数量	元器件名称	标识	数量
单片机	AT89S51	1	发光二极管	LED-RED	7
晶振	CRYSTAL	1	按键	BUTTON	2
电容和电解电容	CAP CAP-ELEC	3	蜂鸣器	SPEAKER	1
电阻	RES	7	共阳极红色数码管	7SEG-COM-ANODE	1

三、Keil C51 源程序设计与调试

故障报警系统源程序主要包含主函数 main( )、INT0 中断服务函数 extern_int0( ) interrupt 0 和 INT1 中断服务函数 extern_int1( ) interrupt 2。INT0 设为高优先级中断，

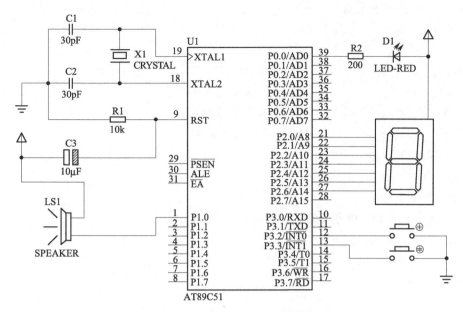

图 3-15　报警系统硬件电路原理图

INT1 设为低优先级中断，实现两级中断控制。

1. 创建项目

在 D 盘上建立一个文件夹 xm03，用来存放本项目所有的文件。

启动"Keil uVision2 专业汉化版"，进入 Keil C51 开发环境，新建名为"pro3"的项目，保存在 D 盘的文件夹 xm03 中。设置时钟频率为 12MHz，设置输出为 HEX 文件。

2. 建立源程序文件

单击主界面菜单"文件"—"新建"，在编辑窗口中输入以下的源程序。程序输入完成后，选择"文件"—"另存为"，将该文件以 pro3.C 保存在刚才建立的文件夹（xm03）中。以下是故障报警系统源程序。

```
//--------------------故障报警设计源程序--------------------
#include <reg51.h>
#define uchar unsigned char
sbit led=P0^0;              //定义 P0.0 引脚位名称为 led
sbit sound=P1^0;            //定义 P1.0 引脚位名称为 sound
uchar code display[]={0xff,0xf9,0xa4};
//----------------------延时程序----------------------
void delay(void)            //定义延时子函数
{
    uchar i,j;              //定义无符号变量
    for(i=0;i<200;i++)      //for 循环延时
        for(j=0;j<255;j++);
}
```

```c
//------------------------主函数------------------------
void main()
{
    IE=0x85;              //CPU 开放中断,INT0、INT1 允许中断
    PX0=1;                //INT0 设为高优先级中断
    IT0=1;                //INT0 为下降沿触发
    IT1=1;                //INT1 为下降沿触发
    P2=display[0];
    led=1;
    sound=1;
}//---------------------INT0 中断函数---------------------
void extern_int0() interrupt 0
{
    while(1)
    {
        led=~led;
        delay();
        sound=0;
        P2=display[1];
    }
}
//---------------------INT1 中断函数---------------------
void extern_int1() interrupt 2
{
    while(1)
    {
        led=~led;
        delay();
        sound=0;
        P2=display[2];
    }
}
```

3. 添加文件到当前项目组中

单击工程管理器中"Target 1"前的"+"号,出现"Source Group1",右键单击后出现快捷菜单,选择"Add Files to Group 'Source Group1'",在增加文件对话框中选择刚才编辑的文件 pro3.C,单击"ADD"按钮,pro3.C 文件便加到 Source Group1 这个组了。

4. 编译文件

单击主菜单栏中的"项目"—"重新构造所有对象文件"选项,根据编译出错信息提示修改源程序,直至编译通过为止,编译通过后将输出一个以 HEX 为后缀名的目标文件。

四、Proteus 仿真

用 Keil uVision2 和 Proteus 软件联合实现程序调试并仿真。

1. 新建设计文件

运行 Proteus 的 ISIS，进入仿真软件的主界面，执行"文件"—"新建设计"命令，弹出对话框，选择合适的模板（通常选择 DEFAULT）。单击主工具栏的保存文件按钮，在弹出的"Save ISIS Design File"对话框中选择保存目录（D：\ xm03），输入文件名称 sj03，保存类型采用默认值（.DSN）。单击保存按钮，完成新建工作。

2. 绘制电路图

在设计界面中放置元器件、电源和地（终端），将电路图连线，进行电气规则检查。

3. 电路仿真

把在 keil uvision2 中编译成的 .HEX 文件加载到 Proeus 的单片机中，按下仿真按钮，观察仿真情况，见图 3-16。两个开关分别仿真 INT0 中断和 INT1 中断。INT0 中断发生时蜂鸣器响起，发光二极管点亮，数码管显示故障编号 1；INT1 中断发生时蜂鸣器响起，发光二极管点亮，数码管显示故障编号 2。

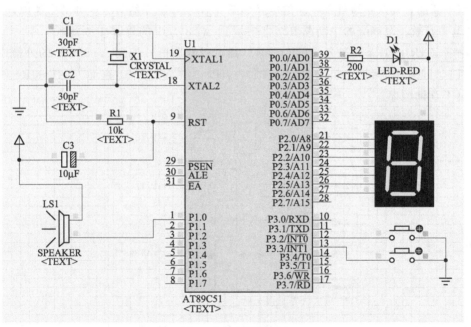

图 3-16 故障报警仿真界面

【拓展与提高】

在实际应用系统中，往往需对外部中断进行扩展。下面介绍几种扩展方法。

一、借用定时器溢出中断作为外部中断

借用定时器溢出中断作为外部中断的方法如下。

① 使被借用定时器处于离溢出还差"1"的状态。

② 把被借用定时器的计数输入端 T0（或 T1）作为外部中断源的中断请求输入线。

③ 在被借用定时器中断入口地址 000BH（或 001BH）处存放一条转移指令，以便 CPU 在响应该定时器溢出中断时转移到相应外部中断源的中断服务程序。

例如，借用定时器 T0 中断作为外部中断时，相应初始化程序如下：

```
TMOD=0x06;      //定时器方式字送 TMOD,采用工作方式 2
TL0=0xFF;       //送低 8 位定时器初值
TH0=0xFF;       //送高 8 位定时器初值
EA=1;           //开放所有中断
ET0=1;          //允许定时器 T0 中断
TR0=1;          //启动定时器 T0 工作
```

借用定时器 T0 来扩展外部中断，实际上相当于使 AT89S51 的 T0 线变成一个边沿触发型外部中断请求输入线，从而少了一个定时器溢出中断源。此时，T0 线的外部中断入口地址应为 000BH。

二、采用中断加查询法扩展外部中断

采用中断加查询法扩展外部中断的电路如图 3-17 所示。系统有 5 个外部中断源，为 IR0～IR4，高电平有效。最高级的中断源 IR0 直接接到 AT89S51 的外部中断源输入端 $\overline{INT0}$，其余 4 个中断源 IR1～IR4 通过各自的 OC 门（集电极开路门）连到 AT89S51 的外部中断源输入端 $\overline{INT1}$，同时还连到 P1 口的 P1.0～P1.3 引脚，供 AT89S51 查询。IR1～IR4 的中断优先权取决于查询顺序。

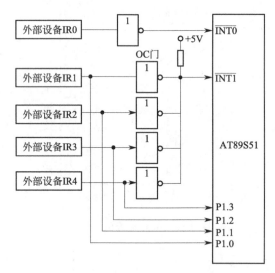

图 3-17 中断加查询法扩展外部中断的电路

假设图 3-17 中的 4 个外部设备中有一个发出高电平有效中断请求信号，中断请求信号通过 OC 门后变为低电平，$\overline{INT1}$ 脚的电平变低，通过程序查询 P1.0～P1.3 引脚上的逻辑电平，假设查询顺序为 P1.0→P1.3，则中断优先权由高到低的顺序依次为 IR1，IR2，IR3，IR4。设某一时刻只能有一个中断请求，并且 IR1～IR4 的高电平中断请求信号可由相应的中断服务子程序清零，则参考程序如下：

```c
#include<reg51.h>
sbit   P1_0=P1^0;      //定义位变量
sbit   P1_1=P1^1;      //定义位变量
void   main( )         //主函数
{
    EA=1;              //CPU 开放中断
    EX0=1;             //允许外部中断 0 中断
    EX1=1;             //允许外部中断 1 中断
    IT0=0;             //选择外部中断 0 为电平触发方式
    IT1=0;             //选择外部中断 1 为电平触发方式
    PX0=1;             //外部中断 0 为高优先级
    PX1=0;             //外部中断 1 为低优先级
    while(1);          //延时等待中断
}
void   int0_isr(void) interrupt   0    //外部中断 0 的中断服务函数
{
    ;
}
void   int1_isr(void) interrupt   2    //外部中断 1 的中断服务函数
{
    If(P1_0==0)        //如果 IR1 中断,执行 IR1 的中断服务函数
        { ;}
    If(P1_1==0)        //如果 IR2 中断,执行 IR2 的中断服务函数
        { ;}
    If(P1_2==0)        //如果 IR3 中断,执行 IR3 的中断服务函数
        { ;}
    If(P1_3==0)        //如果 IR4 中断,执行 IR4 的中断服务函数
        { ;}
}
```

利用定时器溢出中断作为外部中断，硬件结构和软件编程都很简单，但前提是 T0、T1 未被使用，且最多只能扩展两个外部中断源。而采用中断查询相结合法扩展外部中断，可以处理任意多个中断源，但如果要处理的外部中断源的数目较多，而又要求其响应速度很快，则这种方法可能满足不了时间上的要求，这种情况下可以外加中断扩展芯片，如芯片 8259A、74LS148，但这样也增加了电路及编程的复杂程度。

【项目小结】

本项目主要讲解了利用单片机控制功能实现故障报警的相关内容。主要涉及以下知识：
① 中断的基本概念。中断是指计算机在执行某一程序的过程中，由于计算机系统内、

外的某种原因而必须终止原程序的执行，转去执行相应的处理程序，待处理结束之后，再回来继续执行被终止的原程序的过程。

② AT89S51 单片机的中断系统。中断系统有五个中断源：2 个外部中断源 INT0 和 INT1，2 个片内定时器/计数器溢出中断源 T0 和 T1，1 个串行口中断源；中断系统包含中断请求标志寄存器 TCON 和 SCON；中断允许寄存器 IE 用来设置 CPU 对中断源的开放或屏蔽；中断优先级寄存器 IP 为每个中断源设置优先级别。

③ 中断处理过程。中断响应是 CPU 对中断源中断请求的响应，包括保护断点和将程序转向中断服务程序的入口地址（或称矢量地址）；CPU 转入中断服务程序的入口，执行中断服务程序的过程称为中断处理；中断返回是指中断服务结束后，计算机返回原来断开的位置（即断点），继续执行原来的程序。中断返回由中断返回指令 RETI 来实现。

④ 中断服务程序编写。中断服务程序是一种特殊的函数，又称为中断函数。使用 interrupt 关键字来实现。定义中断服务程序的一般格式为：

void 函数名()interrupt n [using m]

⑤ LED 数码管。LED 数码管是由多个发光二极管封装在一起组成的器件，包括共阳极数码管和共阴极数码管，驱动方式分为静态显示驱动和动态显示驱动。

⑥ 故障报警控制系统分析与实施。用 Keil uVision2 和 Proteus 软件联合实现程序调试并仿真。

【项目训练】

一、选择题

1. AT89S51 中断源有____。
   A. 5 个　　　　　　B. 2 个　　　　　　C. 3 个　　　　　　D. 6 个
2. AT89S51 单片机在同一优先级的中断源同时申请中断时，首先响应____。
   A. 外部中断 0　　　B. 定时器 0 中断　　C. 外部中断 1　　　D. 定时器 1 中断
3. 下列说法错误的是____。
   A. 同一级别的中断请求按时间的先后顺序响应。
   B. 同一时间同一级别的多中断请求，会形成阻塞，系统无法响应。
   C. 低优先级中断请求不能中断高优先级中断请求，但是高优先级中断请求能中断低优先级中断请求。
   D. 同级中断不能嵌套。
4. 采用边沿触发方式的外部中断信号是____有效。
   A. 下降沿　　　　　B. 上升沿　　　　　C. 高电平　　　　　D. 低电平
5. 外部中断请求标志位是____。
   A. IT0 和 IT1　　　B. TR0 和 TR1　　　C. TI 和 RI　　　　D. IE0 和 IE1
6. 如果将中断优先级寄存器 IP 设置为 0x0A，则优先级最高的是____。
   A. 外部中断 1　　　B. 外部中断 0　　　C. 定时/计数器 1　　D. 定时/计数器 0
7. 计算机在使用中断方式与外界交换信息时，保护现场的工作方式应该____。
   A. 由 CPU 自动完成　　　　　　　　　B. 在中断响应中完成
   C. 由中断服务程序完成　　　　　　　D. 在主程序中完成

8. AT89S51 单片机可分为两个中断优先级别，各中断源的优先级别设定是利用寄存器____。
   A. IE   B. IP   C. TCON   D. SCON

9. 各中断源发出的中断请求信号，都会标记在____。
   A. TMOD   B. TCON/SCON   C. IE   D. IP

10. AT89S51 单片机在同一级别里除串行口外，级别最低的中断源是____。
    A. 外部中断 1   B. 定时器 T0   C. 定时器 T1   D. 串行口

二、填空题

1. AT89S51 的外部中断有两种触发方式，分别是_____触发方式和_____触发方式，当采集到 INT0、INT1 的有效信号为_____时，激活外部中断。

2. 一个 AT89S51 系统，要求允许外部中断和允许定时器 T0 中断，其他中断禁止，则 IE 寄存器可设定为 IE=____。IE 寄存器的格式为：

EA			ES	ET1	EX1	ET0	EX0

3. AT89S51 在响应中断后，CPU 能自动撤除中断请求的中断源有_____、_____以及_____触发的外部中断。

4. AT89S51 引脚中，与串行通信有关的引脚是_____和_____。

5. AT89S51 单片机有 5 个用户中断源，其中定时器 T1 的中断入口地址为_____，外部中断 0 的中断入口地址为_____。

6. AT89S51 单片机定时器的四种工作方式中，可自动装载初始值的是方式_____，该工作方式是_____位计数器。

7. 已知 AT89S51 单片机的中断优先级寄存器 IP 的格式为：

			PS	PT1	PX1	PT0	PX0

当 IP=_____时，外部中断 0 中断的优先级最高。

8. 默认情况下，各中断寄存器有一个优先权顺序，此时优先权最高的是_____，最低的是_____。

9. AT89S51 单片机外部中断请求信号有_____和_____，在_____方式下，当采集到 INT0、INT1 的有效信号为_____时，激活外部中断。

10. AT89S51 单片机中，在 IP＝0x00 时，优先级最高的中断是_____，最低的是_____。

三、简答题

1. MCS-51 指令系统主要有哪几种中断源？写出每个中断入口地址。
2. 什么叫中断嵌套？中断嵌套有什么限制？中断嵌套与子程序嵌套有什么区别？

四、设计题

1. 要求每次按下计数键时触发 INT0 中断，中断程序累加计数，计数值显示在 3 只数码管上，按下清零键时数码管清零。画出硬件电路编写程序实现仿真。

2. 设计电路，要求按键 K1 和 K2 控制八个 LED，按下 K1 键时八个 LED 闪烁显示，按下 K2 键时八个 LED 自左至右逐个点亮，再自右至左逐个点亮。

项目四　可调时间电子钟设计

【项目描述】

本项目要求用单片机设计实现可调时间电子钟设计。要求利用 AT89S51 单片机中的定时/计数器实现电子时钟功能。电子钟采用八段数码管动态扫描显示时间。通过系统提供的不同按键可以实现系统的运行、停止以及时、分、秒的调节。本项目学习目标如下：

- 了解单片机定时/计数器的内部结构及工作原理。
- 了解定时/计数器的工作方式寄存器 TMOD 和控制寄存器 TCON。
- 掌握定时/计数器的工作方式。
- 掌握定时/计数器初值的计算方法。

【知识准备】

一、定时/计数器的结构

在工业检测与控制的许多场合都要用到计数或定时功能，例如对外部脉冲进行计数，产生精确的定时时间等。AT89S51 片内有两个可编程的定时器/计数器——T1、T0，如图 4-1 所示，T0 由特殊功能寄存器 TH0、TL0 构成，T1 由特殊功能寄存器 TH1、TL1 构成。定时器/计数器 T0 和 T1 具有定时和计数两种工作模式，四种工作方式。

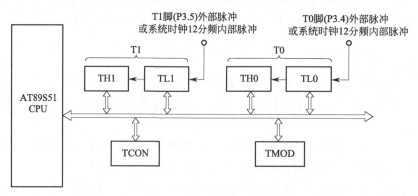

图 4-1　AT89S51 单片机的定时器/计数器结构图

TMOD 用于选择定时器/计数器 T0、T1 的工作模式和工作方式。TCON 用于控制 T0、T1 的启动和停止，同时存储 T0、T1 的状态。

T0、T1 不论是工作在定时器模式还是计数器模式，都是对脉冲信号进行计数，只是计数信号的来源不同。计数器模式是对加在 P3.4（T0）和 P3.5（T1）两个引脚上的外部脉冲进行计数，定时器模式是对单片机的时钟振荡器信号经片内 12 分频后的脉冲信号计数。由于时钟频率是定值，所以根据计数值可计算出定时时间。

计数器的起始计数都是从计数器初值开始的，单片机复位时计数器的初值为 0，也可用指令给计数器装入一个新的初值。

二、定时器/计数器的工作原理

AT89S51 的定时器/计数器实质上是一个增 1 计数器，可实现定时和计数两种功能，其功能由软件控制和切换。在定时器/计数器开始工作之前，需要将工作方式控制字写入定时器方式寄存器（TMOD），将工作状态控制字写入定时器控制寄存器（TCON），并给定时器/计数器赋初值，这个过程称为定时器/计数器的初始化。

1. 定时器/计数器的定时功能

计数器的增 1 信号由振荡器的 12 分频信号产生，即每过一个机器周期，计数器加 1，直至计满溢出。

定时器的定时时间与系统的时钟频率有关。因一个机器周期等于 12 个时钟周期，所以计数频率应为系统时钟频率的十二分之一。如果晶振频率为 12MHz，则机器周期为 1μs。通过改变定时器的定时初值，并适当选择定时器的长度（8 位、13 位或 16 位），可以调整定时时间。

2. 定时器/计数器的计数功能

通过外部计数输入引脚（P3.4 或 P3.5）对外部信号计数，计数器在每个机器周期的 S5P2 期间对引脚输入电平采样，若在一个机器周期 S5P2 期间采样值为 1，在下一个机器周期 S5P2 期间采样值为 0，则计数器加 1，再下一个机器周期 S3P1 期间，新的计数值装入计数器。因检测一个由 1 至 0 的脉冲跳变需要两个机器周期，故外部信号的最高计数频率为时钟频率的二十四分之一。如果晶振频率为 12MHz，则最高计数频率为 0.5MHz。虽然对外部输入信号的占空比无特殊要求，但为了确保给定电平在变化前至少被采样一次，外部计数脉冲的高电平与低电平保持时间均需在一个机器周期以上。

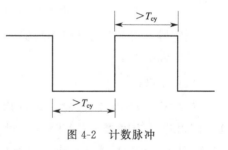

图 4-2　计数脉冲

图 4-2 所示为计数脉冲，图中 T_{cy} 为机器周期。

三、定时器控制寄存器和工作方式寄存器

1. 定时器控制寄存器

定时器控制寄存器 TCON 的作用是控制定时器的启动与停止，并保存 T0、T1 的溢出和中断标志，其字节地址为 88H，位地址为 88H～8FH，可位寻址。TCON 的格

式如图 4-3 所示。

TCON	8FH	8EH	8DH	8CH	8BH	8AH	89H	88H
(88H)	TF1	TR1	TF0	TR0	IE1	IT1	IE0	IT0

图 4-3 TCON 的格式

前面我们介绍过与外部中断有关的低 4 位,这里仅介绍与定时器/计数器相关的高 4 位。

TF1（8FH 位）—T1 溢出标志位。当计数器 T1 计数溢出时,该位置 1。使用查询方式时,此位作为状态位供 CPU 查询,注意查询后应及时将该位清零。使用中断方式时,此位作为中断请求标志位,进入中断服务程序后由硬件自动清零。

TF0（8DH 位）—T0 溢出标志位。当计数器 T0 计数溢出时,该位置 1。使用查询方式时,此位作为状态位供 CPU 查询,查询有效后应及时将该位清零。使用中断方式时,此位作为中断请求标志位,进入中断服务程序后由硬件自动清零。

TR1（8EH 位）—T1 运行控制位。0——关闭 T1；1——启动 T1 运行。该位可由软件置 1 或清零。

TR0（8CH 位）—T0 运行控制位。0——关闭 T0；1——启动 T0 运行。该位可由软件置 1 或清零。

2. 定时器工作方式寄存器 TMOD

定时器工作方式寄存器 TMOD 的作用是设置 T0、T1 的工作方式,字节地址为 89H,不能进行位寻址。TMOD 的格式如图 4-4 所示。

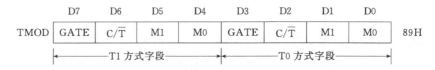

图 4-4 定时器工作方式寄存器 TMOD 的格式

定时器方式寄存器 TMOD 的高 4 位控制 T1,低 4 位控制 T0。各位的功能功能说明如下。

(1) GATE

门控位。GATE＝0 时,软件启动定时器,即用指令使 TCON 中的 TR1（TR0）置 1,即可启动定时器。GATE＝1 时,软件和硬件共同启动定时器,即用指令使 TCON 中的 TR1（TR0）置 1,并且只有外部中断 INT0（INT1）引脚输入高电平时才能启动定时器。

(2) C/$\overline{\text{T}}$

功能选择位。C/$\overline{\text{T}}$＝0 时为定时器工作模式,对单片机的晶体振荡器进行 12 分频后的脉冲进行计数。C/$\overline{\text{T}}$＝1 时为计数器工作模式,对外部输入引脚 P3.4（T0）或 P3.5（T1）的外部脉冲（负跳变）计数。

(3) M1 与 M0

方式选择位。定义如表 4-1 所示。

表 4-1　定时器工作方式选择位定义

M1	M0	工作方式
0	0	方式 0，为 13 位定时器/计数器
0	1	方式 1，为 16 位定时器/计数器
1	0	方式 2，8 位的常数自动重新装载的定时器/计数器
1	1	方式 3，仅适用于 T0，此时 T0 分成两个 8 位计数器，T1 停止计数

四、定时/计数器的工作方式

用户可通过对专用寄存器 TMOD 中的 M1、M0 位的设置选择工作方式。

1. 工作方式 0（以 T0 为例）

工作方式 0 内部逻辑结构图如图 4-5 所示。在此方式中，定时寄存器由 TH0 的 8 位和 TL0 的低 5 位（高 3 位未用）组成一个 13 位计数器。当 GATE=0 时，只要 TCON 中的 TR0 为 1，13 位计数器就开始计数；当 GATE=1 以及 TR0=1 时，13 位计数器是否计数取决于 INT0 引脚信号，当 INT0 引脚信号由 0 变 1 时开始计数，由 1 变为 0 时停止计数。

当 13 位计数器发生溢出中断信号时，TCON 的 TF0 位就由硬件置 1，同时将计数器清零，当单片机进入中断服务程序时，自动清除 TF0 标志。

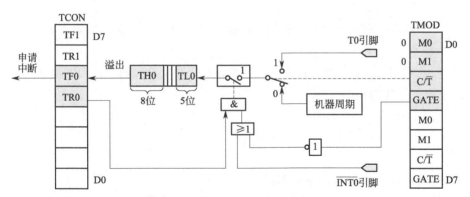

图 4-5　工作方式 0 内部逻辑结构图

当采用方式 0 定时时，定时时间计算式为：$(2^{13}-$计数初值$)\times$晶振周期$\times 12$。

当采用方式 0 计数时，计数值的范围是 $1\sim 2^{13}$（8192）。

设单片机晶振频率 $f_{osc}=12\text{MHz}$，定时器 0 采用方式 0 定时 1ms，则有：

$$\text{TCON}=0x10$$
$$\text{TMOD}=0x00$$
$$\text{TH0}=(8192-1000)/32$$
$$\text{TL0}=(8192-1000)\%32$$

设单片机晶振频率 $f_{osc}=6\text{MHz}$，使用定时器 1 以方式 0 产生周期为 600μs 的等宽方波脉冲，从 P1.7 输出，分别以查询和中断方式完成。

① 计算计数初值。欲产生周期为 600μs 的等宽方波脉冲，只需在 P1.7 端以 300μs 为周期交替输出高低电平即可，因此定时时间应为 300μs。设待求计数初值为 N，则：

$$(213-N)\times 2\times 10-6=300\times 10-6$$
$$N=8042=1F6AH=0001111101101010B$$

用 T1 实现，将低 5 位 01010B=0A 写入 TL1，将高 8 位 11111011B=FBH 写入 TH1 中。

② TMOD 初始化。为把定时/计数器 1 设定为方式 0，则应有 M1M0=00。为实现内部定时器启动，应使 GATE=0，因此设定工作方式控制寄存器 TMOD=00H。

③ 由 TR1 启动和停止定时器。TR1=1 为启动，TR1=0 为停止。

C 语言参考程序如下：

```
#include <reg51.h>        //包含特殊功能寄存器库
sbit P1_7=P1^7;           //定义 P1.7 口,程序中用 P1_7 代替 P1.7
void main()               //主函数
{
    IE=0x00;              //关中断
    TMOD=0x00;            //工作方式设定
    TR0=1;                //启动定时
    whie(1)               //无限循环体
    {
        TH1=0xFB;         //计数初值设定
        TL1=0x0A;
        while (!TF1)      //查询是否溢出,当 TF0=1 时溢出来,则跳出 do-while 循环
        {
            P1_7=!P1_7;   //溢出,P1.7 取反,中断标志 TF1 清 0
            TF1=0;
        }
    }
}
```

若采用中断方式，参考源程序如下：

```
#include <reg51.h>        //包含特殊功能寄存器库
sbit P1_7=P1^7;           //定义 P1.7 口,程序中用 P1_7 代替 P1.7
void main()               //主函数
{
    TMOD=0x00;            //工作方式设定
    TR1=1;
    TH1=0xFB;
    TL1=0x0A;
    ET1=1;
    EA=1;
    while (1);
}                         //启动定时
Void T_1() interrupt 1 using 3
```

```
{
    P1_7=! P1_7;
    TH1=0xFB;
    TL1=0x0A;
}
```

2. 工作方式1

工作方式1内部逻辑结构图如图4-6所示。采用工作方式1时，由TL0（TL1）作为低8位，TH0（TH1）作为高8位，组成16位增1计数器。工作方式1和工作方式0的差别仅仅在于计数器的位数不同，工作方式1为16位计数器，工作方式0则为13位计数器。工作方式1的定时时间计算式为：（2^{16}-计数初值）×晶振周期×12，计数范围是1～2^{16}（65536）。

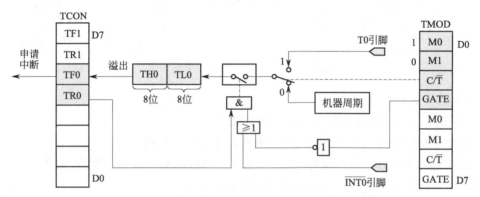

图4-6 工作方式1内部逻辑结构图

设单片机晶振频率为6MHz，使用定时器1以工作方式1产生周期为600μs的等宽方波脉冲，并从P1.7输出，以查询方式完成。

① 计算计数初值。欲从P1.7引脚输出周期为600μs的等宽方波脉冲，只需在P1.7端交替输出300μs的高低电平即可，因此定时时间应为300μs。设计数初值为N，则：

$$(65536-N) \times 12 \times \frac{1}{6 \times 10^6} = 300 \times 10^{-6}$$

计算得：

$$N=65236$$

将计数初值N的低8位6AH写入TL1，高8位1FH写入TH1。

② TMOD初始化。由于采用工作方式1，所以M1M0=01；为实现定时器内启动，应使GATE=0。为方便起见，设其各控制位均为0。则工作方式控制寄存器TMOD=10H。

③ 启动和停止控制。因为定时器/计数器1作定时器，故当TR1=1时，启动计数；当TR1=0时，停止计数。

④ 由于采用查询方式检查T1的计数溢出状态，故设置IE=00H，以关中断。

3. 工作方式2

工作方式0和方式1的最大特点是计数溢出后，计数器为全0，在循环定时或循环计数时存在用指令反复装入计数初值的问题，这不仅影响定时精度，也给程序设计带来麻烦，采用方式 2 可解决此问题。

当 M1M0=10 时,定时器/计数器处于工作方式 2,内部逻辑结构图如图 4-7 所示,以定时器 T0 为例,采用工作方式 2 时可自动恢复初值(初值自动装入),TL0 作为常数缓冲器,当 TL0 计数溢出时,在溢出标志位 TF0 置 1 的同时,自动将 TH0 中的初值送至 TL0,使 TL0 从初值开始重新计数,不需用户干预。

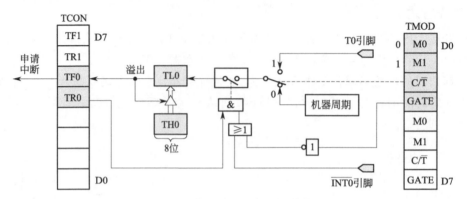

图 4-7 工作方式 2 内部逻辑结构图

工作方式 2 的特点:
① 为可以自动重新装载的 8 位定时器/计数器。
② 在程序初始化时,TL0 和 TH0 由软件赋予相同的初值。
③ 用于定时工作方式时,定时时间为:$(2^8-TH0\text{初值})\times$振荡周期$\times 12$。
④ 用于计数工作方式时,计数长度最大为:$2^8=256$。
⑤ 可省去程序中重装常数的语句,并可产生相当精确的定时时间,适合于串行口波特率发生器。

例如,使用定时器 T0 以工作方式 2 产生 200μs 定时,在 P1.0 输出周期为 400μs 的连续方波,采用中断方式完成,晶振频率为 6MHz。

① 计算计数初值。$(256-N)\times 12\times \dfrac{1}{6\times 10^6}=200\times 10^{-6}$

$$N=156=9CH$$

② TMOD 初始化。采用工作方式 2 时,M1M0=10,由于内部启动,GATE=0。定时器 1 不用,无关位设定为 0,可得 TMOD=02H。

③ 允许中断。
④ TR0 启动定时。

C 语言参考程序如下:

```
#include <reg51.h>        //包含特殊功能寄存器库
sbit  P1_0=P1^0;          //定义 P1.0 口,程序中用 P1_0 代替 P1.0
void  main()              //主函数
{
    TMOD=0x02;            //设定时器 T0 工作方式 2
    TCON=0x00;            //清 TCON,定时器中断标志清零及不允许计数
```

```
    TH0＝0x9c;                    //设初值
    TL0＝0x9c;
    EA=1;                         //开中断
    ET0=1;
    TR0=1;                        //启动计数
    while(1);
}
void  time0_int(void)  interrupt 1//中断函数
{
    P1_0=! P1_0;
}
```

4. 工作方式 3

当 M1M0＝10 时，定时/计数器处于工作方式 3，工作方式 3 内部逻辑结构图如图 4-8 所示。在工作方式 3 下，TL0 和 TH0 成为两个相互独立的 8 位计数器，TL0 占用了全部 T0 的控制位和信号引脚，而 TH0 只用作定时器使用。由于定时/计数器 0 的控制位已被 TL0 独占，因此 TH0 只好借用定时器/计数器 1 的控制位 TR1 和 TF1 进行工作。

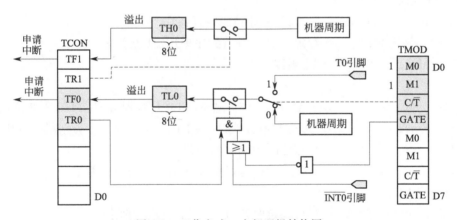

图 4-8　工作方式 3 内部逻辑结构图

当 T0 工作于方式 3 时，T1 只能工作在方式 0、方式 1 或方式 2，并且由于已无计数溢出标志位 TF1 可供使用，只能把计数溢出直接送给串行口，作为串行口时钟信号发生器（即波特率信号发生器），如图 4-9 所示。只要设置好工作方式（方式 0，方式 1，方式 2）以及计数初值，T1 无须启动即可自动运行。如要使 T1 停止工作，只要将其设置为工作方式 3 即可。

假设有一个用户系统中已使用了两个外部中断源，并置定时器 T1 于工作方式 2，作串行口波特率发生器用，现要求再增加一个外部中断源，当有中断时，累加器加 1，并由 P1.0 口输出一个 5kHz 的方波（假设晶振频率为 6MHz）。

分析：在不增加其它硬件的情况下，可把定时/计数器 T0 置于工作方式 3，利用外部引脚 T0 作为附加的外部中断输入端，把 TL0 预置为 0FFH，这样在 T0 端出现由 1 至 0 的负跳变时，TL0 溢出，申请中断，相当于边沿触发的外部中断源。

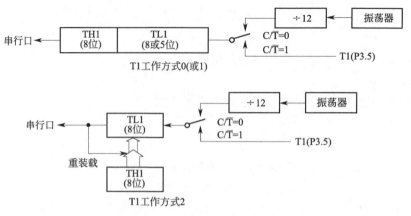

图 4-9 时钟信号发生器框图

在工作方式 3 下,TH0 总是作 8 位定时器用,可以靠它来控制由 P1.0 输出的 5kHz 方波。由 P1.0 输出 5kHz 的方波,即每隔 100μs 使 P1.0 电平取反一次。计算 TH0 的初始值:

$$(256-N)\times 12\times \frac{1}{6\times 10^6}=100\times 10^{-6}$$

$$N=206$$

C 语言参考程序如下:

```c
#include <reg51.h>        //包含特殊功能寄存器库
sbit P1_0=P1^0;           //定义 P1.0 口,程序中用 P1_0 代替 P1.0
void main()               //主函数
{
    TMOD=0x27;            //置 T0 工作方式 3,TL0 计数器方式;TH0 为 8 位定时器
    TL0=0xFF;             //送初值,用于外部引脚 T0 口(P3.4)做新增外部中断
    TH0=206;              //送定时 100μs 的初值
    TL1=BAUD;             //BAUD 是根据波特率要求设置的常数
    TH1=BAUD;
    TCON=0x55;            //启动定时器 T0、T1,置边沿触发
    IE=0x9F;              //开放全部中断
    while(1);             //无限循环,结束主函数
}
void TL0INT (void) interrupt 1    //中断函数,处理新增的外部中断源
{
    TL0=0xFF;             // 外部引脚 T0 引起中断处理程序
}
void TH0INT (void) interrupt 3    //中断函数,处理输出 5kHz 的方波
{
    TH0=206;              //重送初值
    P1_0=!P1_0;           //P1.0 口取反
}
```

五、定时器/计数器的编程和应用

解决定时器/计数器应用问题的流程一般为：
① 确定定时/计数对象；
② 初始化；
③ 编程实现。

采用查询方式时，初始化程序应该完成以下工作：
① 对 TMOD 赋值，以确定 T0 和 T1 的工作方式；
② 计算初值，并将其写入 TH0、TL0 或 TH1、TL1；
③ 使 TR0 或 TR1 置位，启动定时计数器。

采用中断方式时，初始化程序还应该对 IE 赋值，开放中断。

例如在 P1.0 引脚上输出周期 1s，占空比为 20% 的方波，已知晶振频率 12MHz。输出方波如图 4-10 所示。

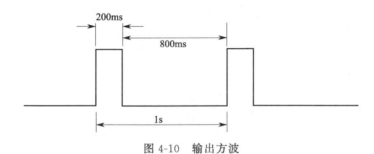

图 4-10　输出方波

(1) 确定定时对象

定时时间应当小于定时器的最大定时时间，对于模式 1，最长为 65.536ms，为了便于计算，取 50ms 作为定时对象，再用一个字节对溢出计数。50ms×4＝200ms，50ms×16＝800ms，f_{osc}＝12MHz，1 个机器周期是 1μs，产生 50ms 定时，应选择模式 1，16 位定时器，最大范围 65.536ms。在所有工作模式中，模式 1 的定时/计数范围是最大的。

(2) 计算初值

$$T0(T1)＝65536－50ms/1\mu s＝15536＝3CB0H$$
$$TMOD＝0x10$$

(3) 编程实现

① 采用查询方式，源程序如下：

```
#include <reg51.h>          //包含特殊功能寄存器库
sbit p1_0=P1^0;              //定义输出方波引脚
bit flag=0;      //定义一个标志位,0:将要输出低电平,1:将要输出高电平
unsigned char counter=16;
//由 800ms 低电平开始,减到 0,时间到,改 200ms 定时,counter=4
main()
{
```

```
        TMOD=0x10;          //T1 模式 1,定时,GATE=0
        TH1=0x3C;           //赋 50ms 定时初值
        TL1=0xB0;
        TR1=1;
      while(1)
        {
/*输出高电平,4*50ms,下一次将为低电平;否则输出低电平,16*50ms,下一次将为
高电平 */
        if (flag)
          {
              counter=4;
              p1_0=1;
              flag=0;
          }
        else {
             counter =16;
              p1_0=0;
             flag=1;
             }
        do
          {
            while (! TF1);
            TF1=0;      // 查询等 50ms 时间到,并清除标志
            TH1=0x3C; // 每次要重新赋 50ms 定时的初值
            TL1=0xB0;
          }
        while(--counter);
        }
   }
```

② 采用中断方式,源程序如下:
```
#include <reg51.h>//包含特殊功能寄存器库
sbit p1_0=P1^0;//定义输出方波引脚
bit flag=0;        //当前状态
unsigned char counter=16;     //由 800ms 低电平开始,减到 0,时间到,改 200ms 定时,
counter=4
main()
    {
        TMOD=0x10; // T1 模式 1,定时,GATE=0
        TH1=0x3C;            // 赋 50ms 定时初值 */
```

```
    TL1=0xB0;
    ET1=1;              // 允许 T1 中断
    EA=1;
    TR1=1;// 启动 T1 运行
    p1_0=0; // 输出低电平
    while(1);
}
void out_sw(void) interrupt 3 //中断服务程序
{                    //TF1 标志被自动清除
    TH1=0x3C;           // 重赋 50ms 定时初值
    TL1=0xB0;
    if (--counter != 0)
        return;              // 定时未到返回
    if (flag)
    {
        counter = 16;
        p1_0=0;
        flag=0;
    }
    else
    {
        counter = 4;
        p1_0=1;
        flag=1;
    }
}
```

再如，在 P1.7 端接一个 LED，如图 4-11 所示，利用定时控制使 LED 亮一秒灭一秒，周而复始，设晶振频率为 6MHz。T0 定时 100ms，根据 100ms＝$(2^{16}-初值)\times 2\mu s$，得初值为：

$$65536-50000=15536D=3CB0H$$

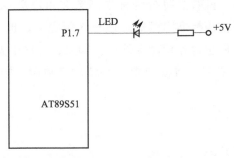

图 4-11　在 P1.7 端接 LED

C 语言控制程序如下：

```c
#include <reg51.h>        //包含头文件 reg51.h
sbit P1_7=P1^7;           //定义位
unsigned char n;          //定义计数变量
timer0() interrupt 1      // T0 中断服务程序
{
    TH0=-0x3c;            // 重载计数初值
    TL0=-0xb0;
    n++;
    if(n>=10)
    {
        n=0;
        P1_7=! P1_7;
    }
}
main ()
{
    P1_7=1;               // 置初始灯灭
    TMOD=0x01;            // T0 方式 1 定时
    TH0=0x3c;             // 预置计数初值
    TL0=0xb0;
    EA=1;                 // 开中断
    ET0=1;                //允许 T0 中断
    TR0=1;                // 启动定时/计数器
    while(1);             // 等待中断
}
```

六、函数

C 语言程序由一个主函数和若干个其它函数所构成，程序中由主函数调用其它函数，其它函数也可以互相调用。其它函数又可分为标准函数和用户自定义函数。标准函数由 C 编译器提供，如果在程序中要使用标准库函数，用户无须定义，也不必在程序中作类型说明，只需在程序开头写上一条文件包含处理命令即可。如果在程序中要建立一个自定义函数，则需对函数进行定义，而且在主调函数模块中还必须对该被调函数进行类型说明，然后才能使用。

1. 函数的分类

(1) 根据有无参数传递分类

根据有无参数传递分类，可将函数分为无参数函数、有参数函数和空函数。

① 无参数函数，定义形式为：
　　　类型标识符　函数名（）
　　　　{函数体}
其中类型标识符用来指定函数返回值的类型，无参数函数一般不带返回值，因此可以不写类型标识符。如定义一个延时函数，名为 delay，函数体为 _ nop _ () 的函数，它的定义形式为：
delay()
　　{
　　nop();　　　//空操作函数，相当于汇编中的 nop
　　}

② 有参数函数，也称为带参函数。在函数定义及函数说明时都有参数，称为形式参数，简称形参。在函数调用时也必须给出参数，称为实际参数，简称实参。进行函数调用时，主调函数将把实参的值传给形参，供被调函数使用。有参数函数的定义形式：
　　　类型标识符　函数名（形式参数列表及参数说明）
　　　　　{函数体}
例如一个毫秒级有参延时函数，定义形式为：
delay1ms(int t)　　　　　　　　　//参数变量 t 为整型
　　{
　　　int i,j;
　　　for(i=0;i<t;i++)
　　　　for(j=0;j<120;j++);
　　}
再如，求最大值有参函数的定义形式为：
int max(int a, int b)
　　{
　　　　if(a>b)
　　　　　return a;
　　　　else
　　　　　return b;
　　}

③ 空函数，定义形式为：
　　　　类型说明符　函数名（）{ }
调用空函数时什么工作也不做，等以后需要扩充函数时，可以在函数体位置填写程序。

(2) 根据有无返回值分类

根据有无返回值，分为有返回值函数和无返回值函数两种。

有返回值函数必须在函数定义和函数说明中显示返回值的类型，调用执行完后将向调用者返回一个执行结果，称为函数返回值。数学函数即属于此类函数。

无返回值函数执行完后无须向调用者返回函数值，用户在定义此类函数时可指定它的类型为空类型，空类型的说明符为"void"。

2. 函数的调用

在一个函数中调用另一个定义的函数，调用格式为：

函数名称（实际参数列表）；

无参数函数调用时无实际参数表。有参数函数的实际参数表中的参数可以是常数、变量或其它构造类型的数据及表达式，各个参数之间用逗号分隔，实际参数的个数必须和定义函数时的形式参数数量一致。

函数调用的三种方式如下。

（1）函数语句调用

函数语句调用的一般形式为函数语句加分号，例如：

function ()；

是以函数语句的方式调用函数。

（2）函数表达式调用

函数作为表达式中的一项出现在表达式中，以函数返回值参与表达式的运算。这种方式要求函数是有返回值的。例如：

x=max (a，b)；

是一个赋值表达式，把 max 的返回值赋给变量 x。

（3）作为函数参数调用

函数作为另一个函数调用的实际参数出现。这种情况是把该函数的返回值作为实参进行传送，因此要求该函数必须是有返回值的。

x=max(a,max(b,c))；//a 和 b，c 的大值比较，大者送到 x，即求 a，b，c 的最大值；

即是把 max (b，c) 调用的返回值又作为 max 函数的实参来使用的。在一个函数中用另一个函数称为嵌套调用。

3. 被调用函数的声明和函数原型

在主调函数中调用某函数之前应对该被调函数进行说明（声明），这与使用变量之前要先进行变量说明是一样的。在主调函数中对被调函数作说明的目的是使编译系统知道被调函数返回值的类型，以便在主调函数中按此种类型对返回值作相应的处理。其一般形式为：

类型说明符　被调函数名（类型 形参，类型 形参…）；

或为：

类型说明符　被调函数名（类型，类型…）；

括号内给出了形参的类型和形参名，或只给出形参类型。

【例】main 函数中对 max 函数的说明为：

int max(int a，int b)；

或写为：

int max(int，int)；

规定在以下几种情况时可以省去主调函数中对被调函数的函数说明。

① 如果被调函数的返回值是整型或字符型时，可以不对被调函数作说明，而直接调用。

这时系统将自动对被调函数返回值按整型处理。

② 当被调函数的函数定义出现在主调函数之前时，在主调函数中也可以不对被调函数再作说明而直接调用。

③ 如在所有函数定义之前，在函数外预先说明了各个函数的类型，则在以后的各主调函数中，可不再对被调函数作说明。

【项目实施】

一、设计方案

根据设计要求及其功能分析，系统可分为 AT89S51 主控模块，电源电路，时钟电路，复位电路，校时电路，校时时间显示电路。其系统原理框图如图 4-12 所示。

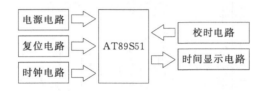

图 4-12 可调时间电子钟系统原理框图

各模块说明：
① 主控模块采用 ATMEL 公司生产的 AT89S51 单片机作为系统的控制器。
② 校时电路，主要有按键组成，用来调节电子时钟的时和分。
③ 电子钟时间显示电路采用 7SEG-MPX8-CA-BLUE 8 位共阳极数码管显示器。

二、硬件电路

系统采用 AT89S51 单片机作为控制核心，校时电路采用按键形式，K1 按键调节小时，增加调节；K2 按键调节分钟，增加调节。显示部件采用 7SEG-MPX8-CA-BLUE 8 位共阳极数码管显示器。数码管的段选端通过总线驱动器 74LS245 连接到 P0 口。数码管的位选端通过排阻 RN1 连接到 P3 口。图 4-13 为可调时间电子钟系统硬件电路原理图。

电路所需用仿真元器件见表 4-2。

表 4-2 电路所需用仿真元器件

元器件名称	参数	数量	元器件名称	参数	数量
单片机	AT89S51	1	电阻	RES	1
晶振	CRYSTAL	1	按键	BUTTON	2
电容和电解电容	CAP CAP-ELEC	3	8 位共阳极数码管显示器	7SEG-MPX8-CA-BLUE	1
总线驱动器	74LS245	1	排阻	RN1	1

三、Keil C51 源程序设计与调试

可调时间电子钟系统源程序主要包含主函数 main()、按键扫描函数 keyscan()、数码管显示函数 display() 和 T1 中断服务程序 time() interrupt 3。按键扫描函数 keyscan()

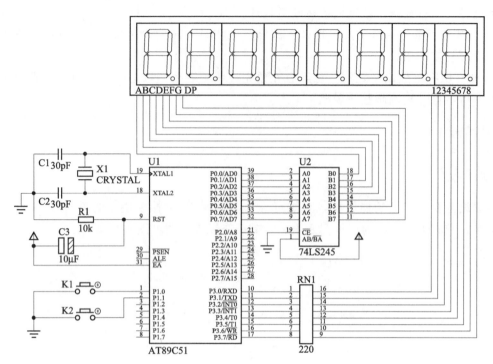

图 4-13 可调时间电子钟系统硬件电路原理图

的功能是扫描是否有键按下,若有键按下,确定是哪个键,执行相应的调节时、分、秒的操作;数码管显示函数 display() 用来显示时间的时、分、秒;T1 定时 50ms 后中断,T1 中断服务程序 time() interrupt 3 的功能是判断定时是否 1s,若满足,改变数码管的秒、分、时的显示结果。

(1) 创建项目

在 D 盘上建立一个文件夹 xm04,用来存放本项目所有的文件。

启动"Keil uVision2 专业汉化版",进入 Keil C51 开发环境,新建名为"pro4"的项目,保存在 D 盘的文件夹 xm04 中。设置时钟频率为 12MHz,设置输出为生成 Hex 文件。

(2) 建立源程序文件

单击主界面菜单"文件"—"新建",在编辑窗口中输入以下的源程序。程序输入完成后,选择"文件"—"另存为",将该文件以扩展名为 .C 格式(如 pro4.C)保存在刚才建立的文件夹(xm04)中。以下是故障报警设计系统源程序。

```
//******************可调时间电子钟设计******************
#include<reg51.h>
#define uchar unsigned char
sbit s1=P3^0;                    //数码管位选控制端
sbit s2=P3^1;
sbit s3=P3^2;
sbit s4=P3^3;
sbit s5=P3^4;
```

```c
sbit s6=P3^5;
sbit s7=P3^6;
sbit s8=P3^7;
uchar seg[10]={0xc0,0xf9,0xa4,0xb0,0x99,0x92,0x82,0xf8,0x80,0x90};//段码
uchar count,h,m,s;
sbit k1 =P1^0;     //定义按键端口
sbit k2= P1^1;
void delayms(uchar k);
void keyscan(void);//扫描是否有键按下
void display(uchar h,uchar m, uchar s);//显示函数
//**************** 主函数 ****************
void main(void)
 {
    h=8;m=0;s=0; //初始显示
    TMOD=0x10;       //定时器 T1 定时方式 1
    TH1=0x3c;        //T1 定时 50ms
    TL1=0xb0;
    EA=1;            //CPU 开中断
    ET1=1;           //允许 T1 中断
    TR1=1;           //开启 T1
    while(1)
     {
        keyscan();
     }
 }
//*************** 按键扫描函数 ***************
void keyscan(void)
  {
     if(k1==0)           //K1 按下
       {
         delayms(20);   //延时去抖动
           while(! k1)
             {
                display(h,m,s);
                   h++;
                   if(h==24)
                       h=0;
                   display(h,m,s);
             }
```

```
            }
        if(k2==0)              //K2 按下
         {
            delayms(20);        //延时去抖动
                while(! k2)
                  {
                      display(h,m,s);
                          m++;
                      if(m==60)
                              m=0;
                          display(h,m,s);
                  }
            }
}
//***************延时程序****************
void delayms(uchar k)
{
    uchar i,j;              //定义无符号变量
    for(i=0;i<k;i++)         //for 循环延时
       for(j=0;j<255;j++);
}
//***************数码管显示函数****************
void display(uchar h,uchar m,uchar s)
{
    s1=1;              //显示小时
    P0=seg[h/10];
    delayms(5);
    s1=0;

    s2=1;
    P0=seg[h%10];
    delayms(5);
    s2=0;

    s3=1;
    P0=0xBF;
    delayms(5);
    s3=0;
```

```
        s4=1;              //显示分
        P0=seg[m/10];
        delayms(5);
        s4=0;

        s5=1;
        P0=seg[m%10];
        delayms(5);
        s5=0;

        s6=1;
        P0=0xBF;
        delayms(5);
        s6=0;

        s7=1;              //显示秒
        P0=seg[s/10];
        delayms(5);
        s7=0;

        s8=1;
        P0=seg[s%10];
        delayms(5);
        s8=0;
}
//***************T1中断服务程序****************
void time() interrupt 3
 {
   TH1=0x3c;         //T1定时50ms
   TL1=0xb0;
   count++;
     if(count==20) //定时1s
         {
                count=0;
                s++;
                if(s==60) //秒为60,清零,分加1
                    {
                       s=0;
                       m++;
```

```
                    if(m==60)//分为 60,清零,时加 1
                       {
                              m=0;
                              h++;
                              if(h==24)//时为 24,清零
                                 h=0;
                       }
                }
         }
         display(h,m,s);
}
```

(3) 添加文件到当前项目组中

单击工程管理器中"Target 1"前的"+"号，出现"Source Group1"后再单击，加亮后右击。在出现的快捷菜单中选择"Add Files to Group 'Source Group1'"，在增加文件对话框中选择刚才以 C 格式编辑的文件 pro4.C，单击"ADD"按钮，这时 pro4.C 文件便加入 Source Group1 这个组里了。

(4) 编译文件

单击主菜单栏中的"项目"—"重新构造所有对象文件"选项。如果编译出错重新修改源程序，直至编译通过为止，编译通过后将输出一个以 HEX 为后缀名的目标文件。

四、Proteus 仿真

用 Keil uVision2 和 Proteus 软件实现联合程序调试并仿真。

1. 新建设计文件

运行 Proteus 的 ISIS，进入仿真软件的主界面，执行"文件"—"新建设计"命令，弹出对话框，选择合适的模板（通常选择 DEFAULT）。单击主工具栏的保存文件按钮，在弹出的 Save ISIS Design File 对话框中，选择保存目录（D:\xm04），输入文件名称例如 sj04，保存类型采用默认值（.DSN）。单击保存按钮，完成新建工作。

2. 绘制电路图

放置元器件、电源和地（终端），电路图连线，电气规则检查。

3. 电路仿真

把在 Keil uVision2 中编译成的 .Hex 文件加载到 Proeus 的单片机中，按下仿真按钮，观察仿真结果。如图 4-14 所示。按下开关 K1 可以调节小时数，按下开关 K2 可以调节分钟数。

【拓展与提高】

(1) 74LS245 的作用

74LS245 是双向总线驱动器，用来驱动如 51 单片机的系统总线的。在应用系统中，所

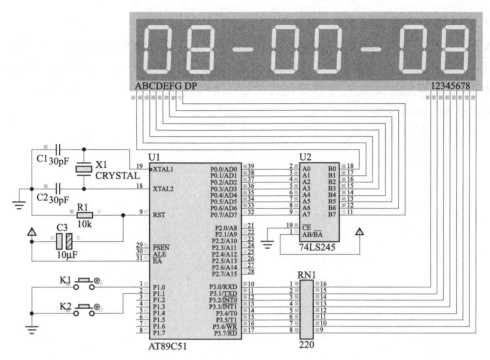

图 4-14 可调时间电子钟系统仿真

有的系统扩展的外围芯片都需要总线驱动,所以就需要总线驱动器。

74LS245 是常用的芯片,它是三态输出 8 总线收发/驱动器,可双向传输数据。无数据锁存功能,但可以控制数据传送方向,可以用于扩展并行 I/O 接口。

(2) 74LS245 引脚及功能

当其控制引脚 $\overline{G}$ 为低电平时,芯片工作在传输状态,数据传输方向受 DIR 引脚信号控制,可以将 A 端数据传输到 B 端 (DIR=1) 或将 B 端数据传输到 A 端 (DIR=0)。74LS245 的引脚定义如图 4-15 所示。

第 1 脚 DIR (T/R),为输入输出端口转换用,DIR="1" 高电平时信号由 "A" 端输入,"B" 端输出,DIR="0" 低电平时信号由 "B" 端输入,"A" 端输出。

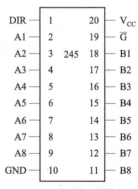

图 4-15 总线驱动器 74LS245 引脚定义

第 2~9 脚 "A" 信号输入输出端,A1=B1,A8=B8,A0 与 B0 是一组,如果 DIR="1" $\overline{G}$="0" 则 A1 输入 B1 输出,其它类同。如果 DIR="0" OE="0" 则 B1 输入 A1 输出,其它类同。

第 11~18 脚 "B" 信号输入输出端,功能与 "A" 端一样,不再描述。

第 19 脚 $\overline{G}$,使能端,若该脚为 "1" A/B 端的信号将不导通,只有为 "0" 时 A/B 端才被启用,该脚也就是起到开关的作用。

第 10 脚 GND,电源地。

第 20 脚 V_{CC},电源正极。

(3) 74LS245 的工作原理

如果用 C51 的 P0 口输出到数码管，那就要考虑到数码管的亮度以及 P0 口带负载的能力，当 C51 单片机的 P0 口总线负载达到或超过 P0 最大负载能力时，必须接入 74LS245 等总线驱动器，提高驱动能力，P0 口的输出经过 74LS245 输出到数码管显示电路。74LS245 的内部结构如图 4-16 所示。

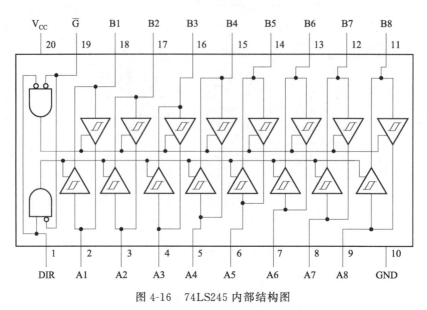

图 4-16 74LS245 内部结构图

74LS245 用来驱动 LED 或者其它的设备，是 8 路同相三态双向总线收发器，可双向传输数据。74LS245 还具有双向三态功能，既可以输出，也可以输入数据。

74LS245 的工作原理：

当使能端 $\overline{G}$ 低电平有效时，

DIR＝"0"，信号由 B 向 A 传输；（接收）

DIR＝"1"，信号由 A 向 B 传输；（发送）

当 $\overline{G}$ 为高电平时，A、B 均为高阻态。

【项目小结】

本项目主要讲解了利用单片机控制功能实现可调时间电子钟系统的相关内容。主要涉及以下知识。

① MCS51 定时/计数器的结构。定时器/计数器 T0 由特殊功能寄存器 TH0、TL0 构成，定时器/计数器 T1 由特殊功能寄存器 TH1、TL1 构成。定时器/计数器 T0 和 T1 具有定时器和计数器 2 种工作模式，4 种工作方式（方式 0、方式 1、方式 2 和方式 3），属于增计数器。

② 定时器/计数器的工作原理。计数器的加 1 信号由振荡器的 12 分频信号产生，即每过一个机器周期，计数器加 1，直至计满溢出。

定时器的定时时间与系统的时钟频率有关。因一个机器周期等于 12 个时钟周期，所以计数频率应为系统时钟频率的十二分之一。计数功能通过外部计数输入引脚 T0（P3.4）和

T1（P3.5）对外部信号计数，外部脉冲的下降沿将触发计数。

③ 定时/计数器工作方式和控制寄存器。定时器控制寄存器 TCON 的作用是控制定时器的启动与停止，并保存 T0、T1 的溢出和中断标志。字节地址为 88H，可位寻址，位地址为 88H～8FH。定时器方式寄存器 TMOD 的作用是设置 T0、T1 的工作模式和工作方式，字节地址为 89H，不能位寻址。

④ 定时/计数器的工作方式。用户可通过编程对专用寄存器 TMOD 中的 M1、M0 位的设置，选择四种操作方式。方式 0 的定时寄存器由 TH0 的 8 位和 TL0 的低 5 位（高 3 位未用）组成一个 13 位计数器。方式 1 的计数位数是 16 位，由 TL0（TL1）作为低 8 位、TH0（TH1）作为高 8 位，组成了 16 位加 1 计数器。定时器/计数器的方式 2 为自动恢复初值（初值自动装入）的 8 位定时器/计数器。在定时/计数器方式 3，TL0 和 TH0 成为两个相互独立的 8 位计数器。当 T0 工作于方式 3 时，T1 只能工作在方式 0、方式 1 或方式 2，在方式 3 停止工作。

⑤ C 语言函数的定义，标准库函数和自定义函数，C 语言函数的分类。根据形式有无参数传递可将函数分为无参数函数、有参数函数和空函数。函数根据有无返回值可分为有返回值函数和无返回值函数两种。函数的三种调用方式：函数语句调用、函数表达式调用和作为函数参数调用。

【项目训练】

一、选择题

1. 定时/计数器工作方式是由____特殊功能寄存器来控制的。
   A. PSW   B. SCON   C. TCON   D. TMOD

2. 定时/计数器工作于方式____时，它是一个 13 位的定时/计数器。
   A. 0   B. 1   C. 2   D. 3

3. 定时/计数器工作于方式____时，它是一个 16 位的定时/计数器。
   A. 0   B. 1   C. 2   D. 3

4. 在定时器方式下，若 $f_{osc}=12MHz$，方式 0 的最大定时间隔____。
   A. 8.192ms   B. 16.384ms   C. 65.536ms   D. 131.072ms

5. 下列可用来启动定时/计数器 0 工作的位是____。
   A. PS   B. TR1   C. TR0   D. EA

6. 下列哪一种工作方式仅适用于定时器 T0 ____。
   A. 方式 0   B. 方式 1   C. 方式 2   D. 方式 3

7. 以下关于函数的叙述中不正确的是____。
   A. C 程序是函数的集合，包括标准库函数和用户自定义函数
   B. 在 C 语言程序中，被调用的函数必须在 main 函数中定义
   C. 在 C 语言程序中，函数的定义不能嵌套
   D. 在 C 语言程序中，函数的调用可以嵌套

8. 在一个 C 程序中，____。
   A. main 函数必须出现在所有函数之前
   B. main 函数可以在任何地方出现

C. main 函数必须出现在所有函数之后

D. main 函数必须出现在固定位置

9. MCS-51 系列单片机的定时器 T1 用作定时方式时是____。

A. 对内部时钟频率计数，一个时钟周期加 1

B. 对内部时钟频率计数，一个机器周期加 1

C. 对外部时钟频率计数，一个时钟周期加 1

D. 对外部时钟频率计数，一个机器周期加 1

10. MCS-51 系列单片机的定时器 T1 用作计数方式时计数脉冲是____。

A. 外部计数脉冲由 T1（P3.5）输入

B. 外部计数脉冲由内部时钟频率提供

C. 外部计数脉冲由 T0（P3.4）输入

D. 由外部计数脉冲计数

二、填空题

1. AT89S51 单片机中有_____个_____位的定时器/计数器。

2. 定时器的工作方式由_____寄存器决定，定时器的启动与溢出由_____寄存器控制。定时器 0 和定时器 1 的中断标志分别为_____和_____。

3. 定时器方式寄存器 TMOD 的作用是_____。通过设置 TMOD 中的 M1M0 位可以定义定时/计数器的工作方式，其中方式 0 为_____，方式 1 为_____，方式 2 为_____，方式 3 为_____。定时/计数器工作方式 3 仅适用于_____。

4. 定时器/计数器方式 0 为_____位定时/计数器。TL 的低_____位计满溢出时，向高位的 TH 进位。

5. 若系统晶振频率为 12MHz，其机器周期为_____，则 T0 工作于定时方式 1 时最多可以定时_____μs。

6. 若要启动定时器 T0 开始计数，则应将 TR0 的值设置为_____。

7. 欲对 300 个外部事件计数，可以选用定时器/计数器 T1 的模式_____或模式_____。

8. MCS-51 系列单片机的 T0 用作计数方式时，用工作方式 1（16 位），则工作方式控制字为_____。

9. MCS-51 系列单片机的定时/计数器，若只用软件启动，与外部中断无关，应使 TMOD 中的_____。

10. MCS-51 单片机工作于定时状态时，计数脉冲来自_____，工作于计数状态时，计数脉冲来自_____。

三、简答题

1. AT89S51 单片机内有几个定时/计数器？每个定时/计数器有几种工作方式？如何选择？

2. 如果采用的晶振频率为 3MHz，定时/计数器 T0 分别工作在方式 0、1 和 2 下，其最大的定时时间各为多少？

3. 定时/计数器 T0 作为计数器使用时，其计数频率不能超过晶振频率的多少？

4. 定时器工作在方式2时有何特点？适用于什么应用场合？

四、设计题

1. 设单片机晶振频率为12MHz，要求使用定时器T0以定时方式2从P1.0输出周期为400μs占空比为10∶1的矩形脉冲。见图4-17。

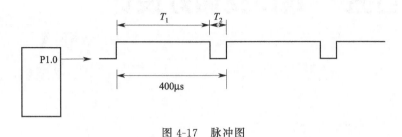

图4-17　脉冲图

2. 设MCS-51单片机的晶振频率为12MHz，请编程使P1.0端输出频率为20kHz的方波。（分别采用查询和中断方式完成）

3. 采用定时/计数器T0对外部脉冲进行计数，每计数100个脉冲，T0切换为定时工作方式。定时1ms后，又转为计数方式，如此循环不止。假定MCS-51单片机的晶体振荡器的频率为6MHz，要求T0工作在方式1状态，请编写出相应程序。

4. 设单片机的$f_{osc}=12$MHz，使P1.0和P1.1分别输出周期为1ms和10ms的方波，请用定时器T0方式2编程实现。

项目五　路口交通灯设计

【项目描述】

本项目要求用单片机设计实现十字路口模拟交通信号灯系统。要求使用 8255A 扩展 I/O 完成。南北方向红灯亮 30 秒，同时东西方向绿灯亮 27 秒，然后黄灯亮 3 秒；接着南北方向绿灯亮 27 秒，黄灯亮 3 秒，同时东西方向红灯亮 30 秒。周而复始，实现十字路口模拟交通信号灯效果。本项目学习目标如下：

- 掌握单片机系统扩展的基本概念；
- 掌握程序存储器扩展；
- 掌握数据存储器扩展；
- 了解 I/O 扩展 8255A 芯片。

【知识准备】

一、AT89S51 系统扩展概述

一个单片机应用系统是以单片机作为核心部件的，但其硬件资源还远不能满足实际需求。通常还需要进行一些必要的扩展。

1. MCS-51 单片机总线的构造方法

AT89S51 单片机采用总线结构，使扩展易于实现，AT89S51 单片机系统扩展结构如图 5-1 所示。

AT89S51 单片机系统扩展主要包括存储器扩展和 I/O 接口部件扩展。外部存储器扩展包括程序存储器扩展和数据存储器扩展。扩展程序存储器以存放较大控制程序和数据表格等；扩展数据存储器以解决大量数据的存储问题；扩展 I/O 端口以解决单片机对外 I/O 端口线复用问题。AT89S51 单片机采用程序存储器空间和数据存储器空间截然分开的哈佛结构。扩展后，系统形成了两个并行的外部存储器空间。

由于系统扩展是以 AT89S51 单片机为核心，通过总线把 AT89S51 单片机与各扩展部件连接起来。因此，要进行系统扩展首先要构造系统总线。

系统总线按功能通常分为 3 组：

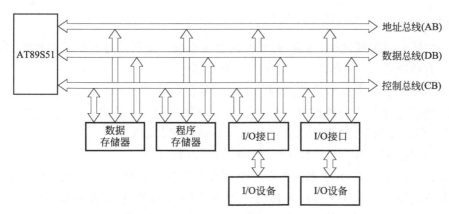

图 5-1　AT89S51 单片机的系统扩展结构

① 地址总线（Address Bus，AB）：地址总线用于传送单片机单向发出的地址信号，以便进行存储单元和 I/O 接口芯片中的寄存器单元的选择。

② 数据总线（Data Bus，DB）：数据总线用于单片机与外部存储器之间或与 I/O 接口之间传送数据，数据总线是双向的。

③ 控制总线（Control Bus，CB）：控制总线是单片机发出的各种控制信号线。下面讨论如何来构造系统的三总线。

AT89S51 单片机用于扩展存储器的外部总线作用介绍如下。

（1）P0 口作为低 8 位地址/数据总线

AT89S51 单片机受引脚数目的限制，P0 口既用作低 8 位地址总线，又用作数据总线（分时复用），因此需要增加一个 8 位地址锁存器。AT89S51 单片机对外部扩展的存储器单元或 I/O 接口寄存器进行访问时，先发出低 8 位地址送地址锁存器锁存，锁存器输出系统的低 8 位地址（A7～A0），随后 P0 口又作为数据总线口（D7～D0），如图 5-2 所示。

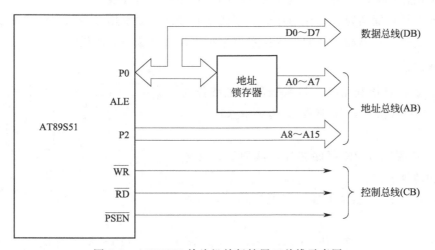

图 5-2　AT89S51 单片机并行扩展三总线示意图

（2）P2 口的口线作为高位地址线

P2 口的全部 8 位口线用作系统的高 8 位地址线，再加上地址锁存器提供的低 8 位地址，便形成了系统完整的 16 位地址总线，从而使单片机系统的寻址范围达到 64KB。

(3) 控制信号线

除了地址线和数据线之外，还要有系统的控制总线。这些信号有的是单片机引脚的第一功能信号，有的则是 P3 口第二功能信号。其中包括：

① PSEN 信号作为外扩程序存储器的读选通控制信号。

② RD 和 WR 信号作为外扩数据存储器和 I/O 接口寄存器的读/写选通控制信号。

③ ALE 信号作为 P0 口发出的低 8 位地址的锁存控制信号。

④ EA 信号作为片内、片外程序存储器的选择控制信号。

可以看出，尽管 AT89S51 单片机有 4 个并行的 I/O 口，共 32 条口线，但由于系统扩展的需要，真正给用户作为数字 I/O 使用的，就剩下 P1 口和 P3 口的部分口线了。

AT89S51 单片机对外提供 16 条地址线，可扩展的存储空间为 64KB，但 51 系列单片机还提供了 PSEN、WR 和 RD 信号。操作程序存储器（取指令及执行 MOVC 指令）时，PSEN 有效；操作数据存储器（MOVX）时，RD 或 WR 信号有效。因而实际可扩展空间为 128 KB，即程序存储器可扩展至 64KB（包括单片机内部程序存储空间）；外部数据存储器也可扩展至 64KB（不包括单片机内部 RAM）。

2. 编址技术

编址就是使用单片机地址总线，通过适当的连接，最终达到一个地址唯一对应一个选中单元的目的。

存储器映像是研究各部分存储器在整个存储空间中所占据的地址范围，以便为存储器使用提供依据。存储器芯片有一个片选端。对存储器芯片访问时，片选信号必须有效，即选中存储器芯片。当 CPU 访问存储器时，出现在地址总线 AB 上的地址信号可划分为片内地址线和片外地址线。片内地址线是直接与存储器连接的地址线。其所用根数与存储器的容量有关，容量 $=2^n$，其中 n 为片内地址线的根数。剩余的地址线称为片外地址线，也称为片选地址线，常用作存储芯片的片选地址线或译码电路的输入地址线。

在扩展多片存储器时，芯片的片选端不能同时接地，通常用多余的高位地址线控制芯片的片选控制信号。存储器扩展的片选技术有两种方法：线选法和译码法。

(1) 线选法

线选法是指直接利用单片机系统的地址线作为扩展芯片的片选信号，存储器线选连接如图 5-3 所示。

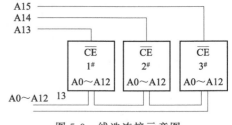

图 5-3 线选连接示意图

【例 1】扩展三片 2K 存储芯片，试用线选法给出接线图和地址。

分析：显然要 11 根地址线和 3 根片选线，分配如下：

- 低位地址线：P0.7~P0.0—A7~A0，P2.2~P2.0—A10~A8，合成 11 根地址线；
- 高位地址线：P2.5、P2.4、P2.3—A13、A12、A11，作 3 片的片选；
- 余下：P2.7、P2.6 不用，取 00。

扩展接线结构如图 5-4 所示。

编址： P2.7、 P2.6、 P2.5、 P2.4、 P2.3、 P2.2、 P2.1、 P2.0　P0.7~P0.0

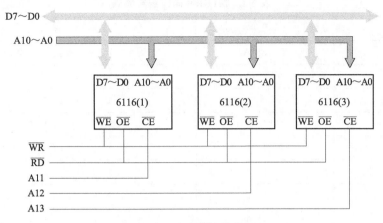

图 5-4　扩展接线结构图

```
1#芯片：  0   0   1   1   0   0   0   0    00H
         0   0   1   1   0   1   1   1    FFH
2#芯片：  0   0   1   0   1   0   0   0    00H
         0   0   1   0   1   1   1   1    FFH
3#芯片：  0   0   0   1   1   0   0   0    00H
         0   0   0   1   1   1   1   1    FFH
```

可见，三片的地址范围是：
1#芯片：3000H～37FFH；
2#芯片：2800H～2FFFH；
3#芯片：1800H～1FFFH。

(2) 译码法

译码法是将没有用到的高位地址线作为译码器的输入，再用译码器的输出作为芯片的片选控制信号。最常用的译码器芯片有 74LS138（3-8 译码器）、74LS139（双 2-4 译码器）、74LS154（4-16 译码器）。可根据设计任务的要求，产生片选信号。

74LS138（3-8 译码器）引脚如图 5-5 所示，真值表如表 5-1 所示。当译码器的输入为某一个固定编码时，其输出只有某一个固定的引脚输出为低电平，其余的为高电平。

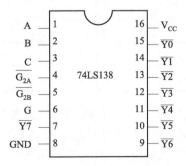

图 5-5　74LS138 译码器引脚示意图

表 5-1 74LS138 译码器真值表

输入						输出							
G	$\overline{G_{2A}}$	$\overline{G_{2B}}$	C	B	A	$\overline{Y7}$	$\overline{Y6}$	$\overline{Y5}$	$\overline{Y4}$	$\overline{Y3}$	$\overline{Y2}$	$\overline{Y1}$	$\overline{Y0}$
1	0	0	0	0	0	1	1	1	1	1	1	1	0
1	0	0	0	0	1	1	1	1	1	1	1	0	1
1	0	0	0	1	0	1	1	1	1	1	0	1	1
1	0	0	0	1	1	1	1	1	1	0	1	1	1
1	0	0	1	0	0	1	1	1	0	1	1	1	1
1	0	0	1	0	1	1	1	0	1	1	1	1	1
1	0	0	1	1	0	1	0	1	1	1	1	1	1
1	0	0	1	1	1	0	1	1	1	1	1	1	1
其它状态			×	×	×	1	1	1	1	1	1	1	1

74LS139（双 2-4 译码器）引脚如图 5-6 所示，真值表如表 5-2 所示。

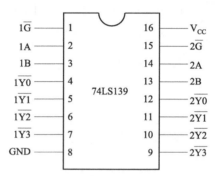

图 5-6 74LS139 译码器引脚示意图

表 5-2 74LS139 译码器真值表

输入			输出			
$\overline{G}$	B	A	$\overline{Y0}$	$\overline{Y1}$	$\overline{Y2}$	$\overline{Y3}$
0	0	0	0	1	1	1
0	0	1	1	0	1	1
0	1	0	1	1	0	1
0	1	1	1	1	1	0
1	×	×	1	1	1	1

【例 2】扩展三片 2K 存储芯片，试用译码法给出接线图和地址。

低位地址线：P0 口 A7～A0，P2 口 A10～A8，合成作为 11 根地址线

① 2-4 译码器作为片选。高位地址线：P2 口 A12、A11，作为译码器输入，利用 2-4 译码输出端 Y0、Y1、Y2 作为片选。三个信号作为 3 片芯片的片选，实际上可选 4 片，本例只需 3 片。扩展接线结构如图 5-7 所示。

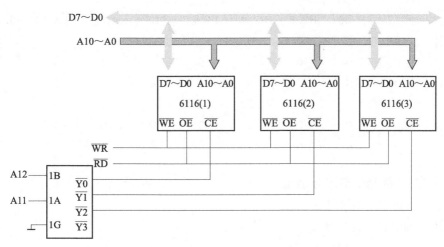

图 5-7 采用 2-4 译码器扩展接线结构图

编址：	P2.7、	P2.6、	P2.5、	P2.4、	P2.3、	P2.2、	P2.1、	P2.0	P0.7~P0.0
1#芯片：	0	0	0	0	0	0	0	0	00H
	0	0	0	0	0	1	1	1	FFH
2#芯片：	0	0	0	0	1	0	0	0	00H
	0	0	0	0	1	1	1	1	FFH
3#芯片：	0	0	0	1	0	0	0	0	00H
	0	0	0	1	0	1	1	1	FFH

可见，三片的地址范围是：

1 号片：0000H~07FFH；

2 号片：0800H~0FFFH；

3 号片：1000H~17FFH。

② 3-8 译码器作为片选。高位地址线：P2 口 A13、A12、A11，作为译码器输入，利用 3-8 译码输出端 Y0、Y1、Y2 三个信号作为 3 片芯片的片选，实际上可选 8 片，本例只需 3 片。扩展接线结构如图 5-8 所示。

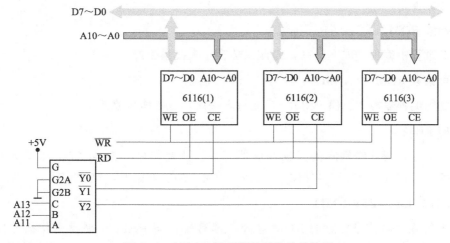

图 5-8 采用 3-8 译码器扩展接线结构图

编址：	P2.7	P2.6	P2.5	P2.4	P2.3	P2.2	P2.1	P2.0	P0.7~P0.0
1#芯片：	0	0	0	0	0	0	0	0	00H
	0	0	0	0	0	1	1	1	FFH
2#芯片：	0	0	0	0	1	0	0	0	00H
	0	0	0	0	1	1	1	1	FFH
3#芯片：	0	0	0	1	0	0	0	0	00H
	0	0	0	1	0	1	1	1	FFH

可见，三芯片的地址范围分别是：

1#芯片：0000H～07FFH；

2#芯片：0800H～0FFFH；

3#芯片：1000H～17FFH。

单片机存储结构中采用半导体存储器，半导体存储器按功能分为只读存储器 ROM 和随机存储器 RAM。单片机内部的程序寄存器通常是只读存储器 ROM。数据存储器通常是随机存储器 RAM。

二、程序存储器的扩展

1. 51 单片机的扩展能力

51 单片机地址总线宽度（16 位），在片外可扩展的存储器最大容量为 64 KB，地址为 0000H～FFFFH。

因为 MCS-51 单片机对片外程序存储器和数据存储器的操作使用不同的指令和控制信号，允许两者的地址空间重叠，可扩展空间分别为 64 KB。为配置外围设备而扩展的 I/O 口与片外数据存储器统一编址，占据相同的地址空间。因此，片外数据存储器连同 I/O 口一起总的扩展容量是 64 KB。

2. ROM 分类

ROM（Read-Only Memory）是只读存储器的简称，是一种只能读出事先所存数据的固态半导体存储器。

(1) 掩膜 ROM

在制造过程中编程。成本较高，因此只适合于大批量生产。

(2) 可编程 ROM（PROM）

用独立的编程器写入。但 PROM 只能写入一次，且不能再修改。

(3) EPROM

电信号编程，紫外线擦除的只读存储器芯片。典型芯片有 Intel 2716（2K×8）、2732（4KB）、2764（8KB）、27128（16KB）、27256（32KB）、27512（64KB）。

(4) E2PROM（EEPROM）

电信号编程，电信号擦除的 ROM 芯片。读写操作与 RAM 几乎没有什么差别，只是写入的速度慢一些。但断电后能够保存信息。高压（+21V）电写入的芯片有 2816、

2817（2K×8 位）。

+5V 电写入的芯片有 2816A、2817A（2K×8 位）。

（5）Flash ROM

又称闪烁存储器，简称闪存。电改写，电擦除，读写速度快（70ns），读写次数多（1万次）。

3. 常用 EPROM 芯片

典型芯片是 27 系列产品，例如 Intel 2716（2K×8 位）、2732（4KB）、2764（8KB×8）、27128（16KB×8）、27256（32KB×8）和 27512（64KB×8）。"27"后面的数字表示其位存储容量。芯片引脚图如图 5-9 所示。

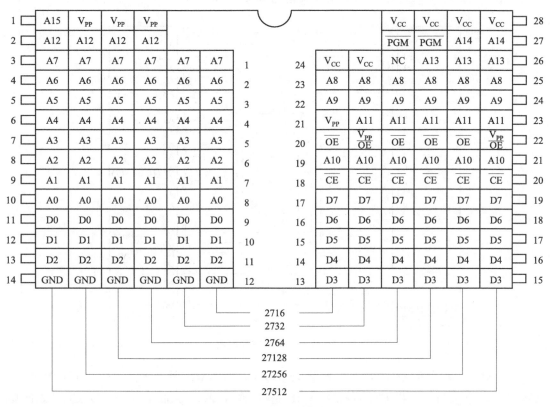

图 5-9 芯片引脚图

EPROM 芯片的工作方式如表 5-3 所示。

表 5-3 EPROM 芯片工作方式

状态 工作方式	引脚 $\overline{CE}$	$\overline{OE}$	$\overline{PGM}$	V_{PP}	V_{CC}	O7~O0
读出	V_{IL}	V_{IL}	V_{IH}	V_{CC}	V_{CC}	D_{OUT}
维持	V_{IH}	×	×	V_{CC}	V_{CC}	高阻
编程	V_{IH}	V_{IL}	编程脉冲	V_{PP}	V_{CC}	D_{IN}
编程校验	V_{IL}	V_{IL}	V_{IH}	V_{PP}	V_{CC}	V_{OUT}
禁止编程	V_{IH}	×	×	V_{PP}	V_{CC}	高阻

① 读出方式。CE 和 OE 端为低电平，Vpp 为+5V，指定地址单元的内容从 D7～D0 上读出。

② 维持方式。片选控制线高电平。数据端呈高阻。

③ 编程方式。Vpp 端加规定高压，CE 和 OE 端加合适电平，就能将数据线上的数据写入到指定的地址单元。

④ 编程校验方式读出 EPROM 值，校验是否正确。

⑤ 禁止编程方式。输出呈高阻状态，不写入程序，多片 EPROM 并行编程不同数据。

4. 程序存储器扩展电路

EPROM 与 AT89S51 单片机典型连接电路如图 5-10 所示。

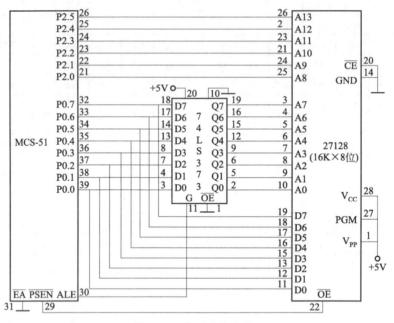

图 5-10 典型连接电路

例如 EPROM 存储器 27128 的容量是 16KB，有 14 条地址线。芯片的高位地址线（A8～A13）直接与单片机 P2 口的 P2.0～P2.5 连接，低位地址（A0～A7）通过地址锁存器 74LS373 接到 P0 口。芯片的数据线直接接到 P0 口。芯片的片选 CE 接地，输出允许控制 OE 连接单片机 PSEN 端，控制 EPROM 中数据的读出。单片机的 ALE 信号与 74LS373 锁存器的控制端连接，通过 74LS373 实现了单片机地址线与数据线的分离。图 5-11 所示为 AT89S51 扩展 4 片 27128 芯片。

【例 3】某单片机系统的程序存储器配置如图 5-12 所示。要求：

① 计算 1#、2#、3# 和 4# 芯片的存储容量；

② 试说明各个芯片的地址范围。

解：

① 1#、2#、3# 和 4# 芯片的地址线 A0～A9，存储容量均为 2^{10} 即 1KB。

② 1# 地址范围：0C00-0FFFH；

2# 地址范围：0800-0BFFH；

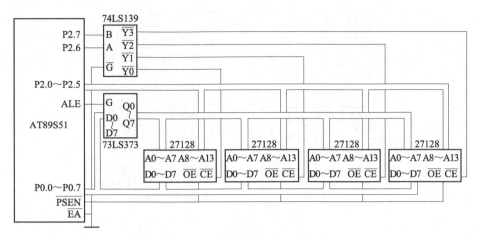

图 5-11 AT89S51 扩展 4 片 27128 芯片

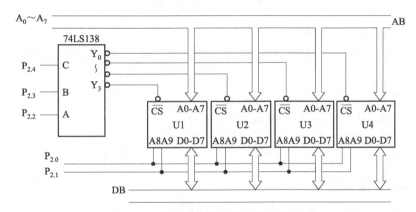

图 5-12 单片机系统的程序存储器配置

3# 地址范围：0400-07FFH；

4# 地址范围：0000-03FFH。

三、数据存储器的扩展

随机存取存储器 RAM（Random Access Memory）又称作随机存储器，分为静态 RAM（SRAM）和动态 RAM（DRAM）两种。

SRAM 读写速度快，成本高。DRAM 速度比 SRAM 慢，结构简单，集成度高，功耗低。

我们这里重点讲解静态 RAM（SRAM）。

1. 常用的静态 RAM（SRAM）芯片

常用的有 6116（2K×8 位）、6264（8K×8 位）、62128（16K×8 位）、62256（32K×8 位），采用+5V 电源供电，双列直插，6116 为 24 引脚封装，6264、62128、62256 为 28 引脚封装。芯片引脚图如图 5-13 所示。

各引脚功能如下：

① A0～Ai：地址输入线。

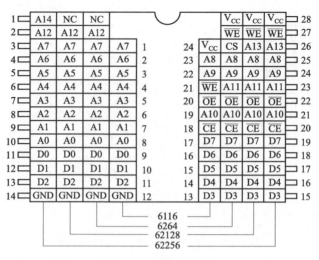

图 5-13 芯片引脚图

② D0～D7：双向三态数据线。

③ CE：片选信号输入。对于 6264 芯片，当 CS 为高电平，且 CE 为低电平时才选中该片。

④ $\overline{OE}$：读选通信号输入线。

⑤ $\overline{WE}$：写允许信号输入线，低电平有效。

⑥ V_{CC}：工作电源 +5V。

⑦ GND：地。

2. 扩展数据存储器电路

扩展 8KB RAM 6264 的接口电路如图 5-14 所示。

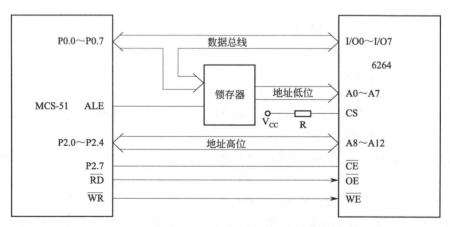

图 5-14 扩展 8KB RAM 6264 接口电路

6264 存储器芯片采用线选法，A0～A12 可从全 0 变为全 1，因而其地址范围为 0000H～1FFFH。

系统扩展 2 片 8KB 的 RAM 和 2 片 8KB 的 EPROM，RAM 选 6264，EPROM 选 2764，扩展存储器电路连接如图 5-15 所示。

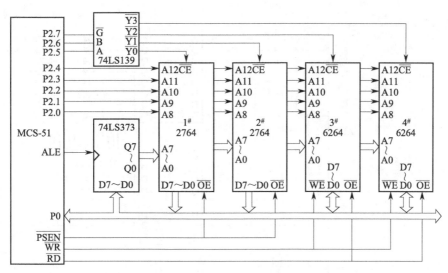

图 5-15 扩展存储器连接电路

1#芯片 2764 地址范围：0000H～1FFFH；

2#芯片 2764 地址范围：2000H～3FFFH；

3#芯片 6264 地址范围：4000H～5FFFH；

4#芯片 6264 地址范围：6000H～7FFFH。

四、扩展并行 I/O 口

在单片机应用系统中扩展存储器时，P0 口用作低 8 位地址和数据总线复用，P2 口用作高 8 位地址总线，若再考虑串行通信、数据存储器扩展等问题，则 P3 口做第二功能被使用，这样，单片机就只剩下 P1 口可以作为并行 I/O 接口使用了。在 P1 端口不能满足需要时，还需要扩展并行 I/O 接口。

1. 并行接口的简单扩展方法

只要根据"输入三态，输出锁存"与总线相连的原则，选择 74LS 系列芯片即可扩展 I/O 口。通常使用三态缓冲器 74LS244、74LS245 扩展 8 位并行输入接口，用 8D 锁存器 74LS273，74LS373，74LS377 等扩展输出口。图 5-16 给出了一种简单的输入、输出口扩展电路。

图中单片机扩展了一片 74LS244 作为输入口连接八个按钮，一片 74LS373 作为输出口，连接八个 LED，通过程序读入按钮状态，控制相应的 LED 显示。

2. 可编程并行接口芯片 8255A

8255A 是 Intel 公司生产的可编程输入输出接口芯片，有 3 个 8 位并行 I/O 接口（A 口、B 口和 C 口），具有三种工作方式，可通过程序改变其工作方式和功能，使用灵活方便，通用性强，可作为单片机与外围设备连接时的接口电路。

（1）8255A 硬件逻辑结构

8255A 是一个 40 引脚的双列直插式集成电路芯片。8255A 内部结构框图及引脚如图 5-17 所示。

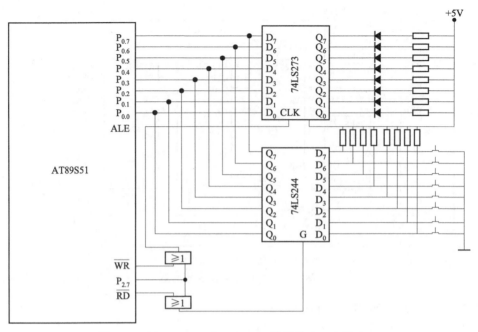

图 5-16 用 74LS244 和 74LS373 扩展输入口和输出口

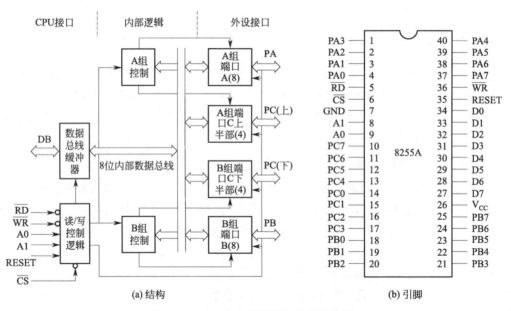

图 5-17 8255A 内部逻辑结构及引脚图

引脚说明：

8255A 共有 40 个引脚，功能如下：

① PA7～PA0：A 口输入/输出线。

② PB7～PB0：B 口输入/输出线。

③ PC7～PC0：C 口输入/输出线。

④ D7～D0：三态双向数据线，与单片机数据总线连接，用来传送数据信息。

⑤ CS：片选信号线，低电平有效，表示芯片被选中。
⑥ RESET：复位信号。复位后，8255A 内部寄存器全部清 0，PA、PB、PC 口被置为输入方式。
⑦ $\overline{\text{RD}}$：读选通信号，低电平有效，控制数据的读出。
⑧ $\overline{\text{WR}}$：写选通信号，低电平有效，控制数据的写入。
⑨ V_{CC}：+5V 电源。
⑩ GND：地线。
⑪ A1～A0：低位地址线，与单片机的地址总线相连，用于选择 8255A 内部端口或控制寄存器。8255A 共有 4 个可寻址的端口，其选择方式如表 5-4 所示。

表 5-4 8255A 端口选择表

A1	A0	选择端口
0	0	A 口
0	1	B 口
1	0	C 口
1	1	控制寄存器

(2) 8255A 工作方式

8255A 是编程接口芯片，通过控制字（控制寄存器）对其端口的工作方式和 C 口各位的状态进行设置。8255 共有两个控制字，一个是工作方式控制字，另一个是 C 口置位/复位控制字。这两个控制字共用一个地址，通过最高位来选择使用那个控制字。

① 工作方式控制字。8255A 有三种基本工作方式。

方式 0：基本输入/输出方式。基本输入/输出方式为无条件数据传送方式，A、B、C 三个端口均可使用这种工作方式用作输入/输出端口，但端口不能既作输入又作输出。

方式 1：选通输入/输出方式。方式 1 主要用于中断和查询数据传送方式，只有 A 口和 B 口可以选择这种工作方式。在方式 1 工作时，A 口必须与 C 口中的 PC4～PC7 共同实现端口的输入/输出操作，B 口则必须与 C 口中的 PC0～PC3 共同实现端口的输入/输出操作，其中 A 口与 B 口作为数据的输入/输出通道，而 C 口的各位分别用于对 A 口和 B 口输入/输出操作的控制和联络信号。

方式 2：双向传送方式。只有 A 口可以使用方式 2，既可以输入数据，也可以输出数据，此时 C 口中的 PC3～PC7 用来作为 A 口的控制和联络信号。

8255A 的工作方式由工作方式控制字决定，其格式如图 5-18 (a) 所示，将工作方式控制字写到控制寄存器中即可设置 8255A 的工作方式。

例如将工作控制字 95H 写到 8255A 的控制寄存器中，可将 8255A 编程为 A 口方式 0 输入，B 口方式 1 输出，C 口的上半部分（PC4～PC7）输出，C 口的下半部分（PC0～PC3）输入。

② 置位/复位控制字。8255A 工作在方式 1 和方式 2 时，C 口的某些位通常是控制联络信号。8255A 可通过对 C 口的某位置 "1" 或者清 "0"，实现控制功能。D7 位为该控制字的标志位，D7=0 为 C 口置位/复位控制字。其置位/复位控制字格式如图 5-18 (b) 所示。

C 口各位在不同工作方式下的状态如图 5-19 所示。

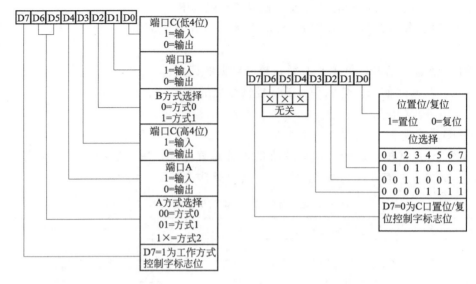

(a) 工作方式控制字　　(b) 置位/复位控制字

图 5-18　8255A 工作方式控制字及置位/复位控制字格式

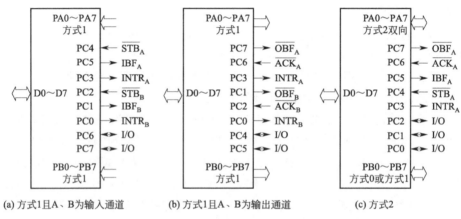

(a) 方式1且A、B为输入通道　　(b) 方式1且A、B为输出通道　　(c) 方式2

图 5-19　8255A 在不同工作方式下 C 口各位的状态

$\overline{STB}$ 为外设向 8255A 提供的输入选通信号，低电平有效。当外设数据准备好后，向 8255A 输入低电平信号，当 8255A 收到下降沿信号后将数据送入端口锁存器。

IBF 为输入缓冲器满信号，高电平有效。当 IBF 为高电平时，表示数据已全部送入端口锁存器，等待 CPU 读取，当 CPU 读取数据后，由信号的上升沿复位为低电平，允许外设继续送数。

INTR 为中断请求信号，高电平有效。在中断数据传送方式下，由 8255A 产生并向 CPU 发出中断请求信号，当 IBF = 1、$\overline{STB}$ = 1 且 INTE = 1 时，INTR = 1。

INTE 中断允许信号。是控制 8255A 能否向 CPU 发中断请求信号，它没有外部引脚，$INTE_A$、$INTE_B$ 是由用户对 PC4、PC2 按位置位实现的。

$\overline{OBF}$ 为输出缓冲器满信号，低电平有效。当 $\overline{OBF}$ 为低电平时，表示 CPU 已将数据输出到 8255 端口锁存器中，通知外设可以取数。

$\overline{ACK}$ 为外设响应信号,低电平有效。当为低电平时,表示外设已将端口数据取走,CPU 可以再送新的数据。

INTR 为中断请求信号,高电平有效。当 $\overline{ACK}=1$、OBF=1 且 INTE=1 时,INTR=1。

INTE 中断允许信号。$INTE_A$、$INTE_B$ 是由用户对 PC6、PC2 按位置位实现的。

当 A 口工作在方式 2 时,其各位信号线含义与方式 1 一样。

(3) 8255A 与 51 单片机的扩展接口电路及初始化程序

51 单片机可以和 8255A 直接连接,图 5-20 给出了一种扩展电路。

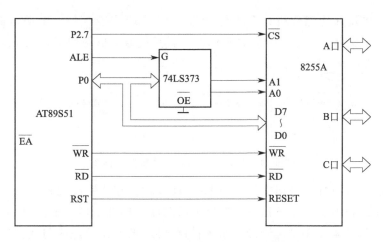

图 5-20　8255A 与 AT89S51 的直接连接

从图中可以看出,P0 口提供低 8 位地址线和数据线,8255A 的数据线和 AT89S51 的 P0 直接相连;地址的低 8 位通过锁存器 74LS373 连接,地址的高 8 位则由 P2 口送出。

利用高 8 位地址线的 P2.7 作为线选信号,与 8255A 的片选端相连,8255 的 A0、A1 分别和 AT89S51 的 P0.0、P0.1 相连。8255A 的读写信号线分别和 AT89S51 的读写选通信号线相连;8255A 的复位端 RESET 与 AT89S51 的 RST 端相连。8255A 各个端口的地址如表 5-5 所示。

表 5-5　8255A 各端口的地址

P2.7	P2.6	P2.5	P2.4	P2.3	P2.2	P2.1	P2.0	P0.7	P0.6	P0.5	P0.4	P0.3	P0.2	P0.1	P0.0	地址	端口号
A15	A14	A13	A12	A11	A10	A9	A8	A7	A6	A5	A4	A3	A2	A1	A0		
0	0	0	0	0	0	0	0	0	0	0	0	0	0	0	0	0000H	A 口
0	0	0	0	0	0	0	0	0	0	0	0	0	0	0	1	0001H	B 口
0	0	0	0	0	0	0	0	0	0	0	0	0	0	1	0	0002H	C 口
0	0	0	0	0	0	0	0	0	0	0	0	0	0	1	1	0003H	控制寄存器

8255 初始化就是向控制寄存器写入工作方式控制字和 C 口置位/复位控制字。例如,对 8255 各口作如下设置:A 口方式 0 输入,B 口方式 1 输出,C 口高位部分为输出,低位部分为输入。按图 5-20 所示的 8255A 扩展电路,控制寄存器的地址为 0003H。按各口的设置要求,工作方式控制字为 10010101,即 95H。

```
#include<reg51.h>
```

```
#include<absacc.h>                    //声明绝对地址访问头文件
……
XBYTE[0x0003]= 0x95;                  //设置8255A,将控制字送到控制寄存器
……
```

【项目实施】

一、设计方案

根据设计要求及其功能分析，系统可分为AT89S51主控模块、电源电路、时钟电路、复位电路、8255A电路、交通信号灯显示电路。其系统原理框图如图5-21所示。

图5-21 模拟交通信号灯系统原理框图

主控模块采用ATMEL公司生产的AT89S51单片机作为系统的控制器。交通信号灯显示电路采用Protues中的Traffic lights作为显示器件。扩展I/O电路采用8255A芯片扩展A、B、C端口。锁存器采用74LS373，由于扩展8255低八位地址线与数据线复用，采用锁存器对低位地址进行锁存。

二、硬件电路

系统采用AT89S51单片机作为控制核心，通过P0口与8255A数据总线相连接，数据经P0口发送给8255A，编程控制南北东西方向的红绿黄灯交替点亮。设置A0、A1不同的状态选择8255的A口、B口、C口和控制寄存器；把控制字写入控制寄存器选择不同的工作方式。

$\overline{CS}$=0选中8255A芯片，A1A0=11时选择控制口，此时单片机P0口向数据总线发送控制命令，设置8255A的工作方式，使A口工作在输出模式下，A1A0=00时选中A口，单片机发出的数据传送到A口，通过A口控制对应的交通信号灯分时点亮熄灭，模拟十字路口交通灯。图5-22为模拟交通信号灯硬件电路原理图。

电路所需用仿真元器件见表5-6。

表5-6 电路所需仿真元器件

元器件名称	参数	数量	元器件名称	参数	数量
单片机	AT89S51	1	电解电容	CAP-ELEC	1
晶振	CRYSTAL	1	扩展芯片	8255A	1
电容	CAP	2	锁存器	74LS373	1
电阻	RES	7	交通信号灯	TRAFFIC LIGHTS	4

在图5-22中连接状态下，8255A端口所占的地址为：A口0000H，B口0001H，C口0002H，控制寄存器0003H。A口设置为方式0输出，工作方式控制字为10000000，即80H。

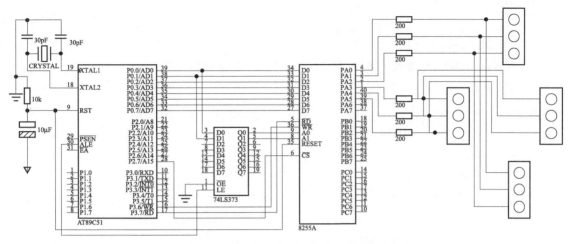

图 5-22 模拟交通信号灯硬件电路原理图

三、Keil C51 源程序设计与调试

模拟交通信号灯设计系统源程序采用使用子函数和不使用子函数两种方法完成。在程序中，使用"♯include<absacc.h>"语句，目的是可使用其中定义的宏来访问绝对地址，包括：CBYTE、XBYTE、PWORD、DBYTE、CWORD、XWORD、PBYTE、DWORD。程序中使用宏定义语句♯define PORA XBYTE［0x00］和♯define PCon XBYTE［0x03］定义了 PORA 和 PCon 两个宏，分别指向物理地址 0000H 和 0003H。

(1) 创建项目

在 D 盘上建立一个文件夹 xm05，用来存放本项目所有的文件。

启动"Keil uVision2 专业汉化版"，进入 Keil C51 开发环境，新建名为"pro5"的项目，保存在 D 盘的文件夹 xm05 中。设置时钟频率为 12MHz，设置输出为生成 Hex 文件。

(2) 建立源程序文件

单击主界面菜单"文件"—"新建"，在编辑窗口中输入以下源程序。程序输入完成后，选择"文件"—"另存为"，将该文件以扩展名为 .C 格式（如 pro5.C）保存在刚才建立的文件夹（xm05）中。以下是模拟交通信号灯设计系统源程序。

```
//******************模拟交通信号灯******************
♯include<reg51.h>
♯include<absacc.h>               //声明绝对地址访问头文件
♯define uint unsigned int        //宏定义,用 uint 代替 unsigned int
♯define uchar unsigned char
♯define PORA XBYTE[0x00]         //A 口地址 0000H
♯define PCon XBYTE[0x03]         //控制寄存器地址 0003H

void delay(uint);
//**********************主函数**********************
```

```c
void main()
  {
    uchar count;
    PCon=0x80;  //设置8255A,将控制字送到控制寄存器
    while(1)
      {
        for(count=0;count<27;count++)
          {
            PORA= 0x21;
              delay(1000);
          }
        for(count=0;count<3;count++)
          {
            PORA= 0x11;
              delay(1000);
          }
        for(count=0;count<27;count++)
          {
            PORA= 0x0c;
              delay(1000);
          }
        for(count=0;count<3;count++)
          {
            PORA= 0x0a;
              delay(1000);
          }
      }
  }
//-----------------------延时程序---------------------
void delay(uint k)              //定义延时子函数
  {
    uint i,j;               //定义无符号变量
    for(i=0;i<k;i++)         //for循环延时
      for(j=0;j<125;j++);
  }
```

也可以使用函数简化原程序:
```c
void main()
  {
    uchar count;
```

```
    PCon=0x80;  //设置8255A,将控制字送到控制寄存器
    while(1)
      {
          for(count=0;count<27;count++)
              {
                  TranPorA(0x21);
              }
            for(count=0;count<3;count++)
              {
                  TranPorA(0x11);
              }
            for(count=0;count<27;count++)
              {
                  TranPorA(0x0c);
              }
            for(count=0;count<3;count++)
              {
                   TranPorA(0x0a);
              }
      }
  }
//******************向 A 口写输出数据******************
void TranPorA(uint p)
  {
    PORA=p;
    delay(1000);
  }
```

(3) 添加文件到当前项目组中

单击工程管理器中"Target 1"前的"+"号,出现"Source Group1"后再单击,加亮后右击。在出现的快捷菜单中选择"Add Files to Group 'Source Group1'",在增加文件对话框中选择刚才以 C 格式编辑的文件 pro2.C,单击"ADD"按钮,这时 pro5.C 文件便加入 Source Group1 这个组里了。

(4) 编译文件

单击主菜单栏中的"项目"—"重新构造所有对象文件"选项。如果编译出错重新修改源程序,直至编译通过为止,编译通过后将输出一个以 HEX 为后缀名的目标文件。

四、Proteus 仿真

用 Keil uVision2 和 Proteus 软件实现联合程序调试并仿真。

1. 新建设计文件

运行 Proteus 的 ISIS，进入仿真软件的主界面，执行"文件"—"新建设计"命令，弹出对话框，选择合适的模板（通常选择 DEFAULT）。单击主工具栏的保存文件按钮，在弹出的 Save ISIS Design File 对话框中，选择保存目录（D:\xm05），输入文件名称例如 sj05，保存类型采用默认值（.DSN）。单击保存按钮，完成新建工作。

2. 绘制电路图

放置元器件、电源和地（终端），电路图连线，电气规则检查。

3. 电路仿真

把在 Keil uVision2 中编译成的 .Hex 文件加载到 Proeus 的单片机中，按下仿真按钮，观察仿真结果，如图 5-23 所示。开始南北方向的红灯亮，东西方向的绿灯亮，过 27 秒东西方向的黄灯亮，过 3 秒，南北方的绿灯亮，东西方向的红灯亮；过 27 秒南北方向的黄灯亮，过 3 秒，南北方的红灯亮，东西方向的绿灯亮。周而复始。

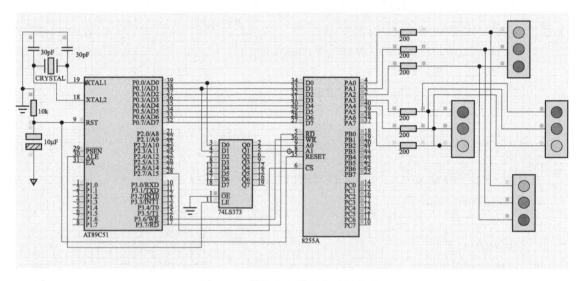

图 5-23 模拟交通信号灯设计仿真

【拓展与提高】

74LS373 是一款常用的地址锁存器芯片，由八个并行的、带三态缓冲输出的 D 触发器构成。在单片机系统中为了扩展外部存储器，通常需要一块 74LS373 芯片。

1. 内部结构图

74LS373 地址锁存器的内部结构及引脚排列如图 5-24 所示。

① 1D～8D：8 个输入端。

② 1Q～8Q：8 个输出端。

③ G：数据锁存控制端；当 G=1 时，锁存器输出端同输入端；当 G 由"1"变为"0"时，数据输入锁存器中。

④ OE：输出允许端；当 OE="0"时，三态门打开；当 OE="1"时，三态门关闭，

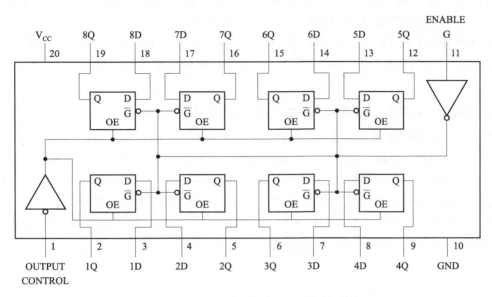

图 5-24 74LS373 内部结构及引脚排列图

输出呈高阻状态。

2. 74LS373 的真值表

74LS373 的真值表如表 5-7 所示。

表 5-7 74LS373 的真值表

OUTPUT CONTROL	(Enable)G	D	Q
L	H	H	H
L	H	L	L
L	L	×	Q_0
H	×	×	Z

注：H—表示高电平；L—表示低电平；×—表示不定电平（任何电平状态都可以）；Z—表示高阻态；Q_0—表示建立稳态前 Q 的电平。G 与 51 单片机的 ALE 相连，控制八个 D 型锁存器的导通与截止。高电平时，八个 D 型锁存器正常运行（导通），即锁存器的输出端与输入端 D 的反相信号始终同步；低电平时锁存器截止，D 锁存器输出端的状态保持不变。

74LS373 功能表如表 5-8 所示。

表 5-8 74LS373 的功能表

OE	G	功能
0	0	直通 $Q_i = D_i$
0	1	Q_i 保持不变
1	×	输出高阻

3. 74LS373 的工作原理

① 输出使能端 OE（1 脚）低电平有效，当 OE 是高电平时，不管输入（3、4、7、8、

13、14、17、18 引脚）如何，也不管锁存控制端 G（11 脚）如何，输出（2、5、6、9、12、15、16、19 引脚）全部呈现高阻状态（或者叫浮空状态）。

② 当使能端 OE（1 脚）处于低电平时，只要锁存控制端 G（11 脚）上出现一个下降沿，输出（2、5、6、9、12、15、16、19 引脚）立即呈现输入脚（引脚 3、4、7、8、13、14、17、18）的状态。

4. 74LS373 在单片机扩展系统中的典型应用电路

当 74LS373 用作地址锁存器时，应使 OE 为低电平，此时当锁存使能端 G 为高电平时，输出 Q0~Q7 的状态与输入端 D1~D7 状态相同；当 G 发生负的跳变时，输入端 D0~D7 数据锁入 Q0~Q7。51 单片机的 ALE 信号可以直接与 74LS373 的 G 连接。在 MCS-51 单片机系统中，其连接方法如图 5-25 所示。其中输入端 1D~8D 接至单片机的 P0 口，输出端提供的是低 8 位地址，G 端接入单片机的地址锁存允许信号 ALE。输出允许端 OE 接地，表示三态输出门一直导通，可以送出地址信号。

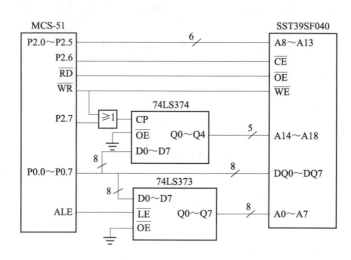

图 5-25　74LS373 单片机系统接口

【项目小结】

本项目主要讲解了利用单片机控制功能实现模拟交通信号灯。主要涉及以下知识。

① AT89S51 系统扩展基本知识。AT89S51 单片机系统扩展主要包括存储器扩展和 I/O 接口部件扩展。AT89S51 单片机采用程序存储器空间和数据存储器空间截然分开的哈佛结构。扩展后，系统形成了两个并行的外部存储器空间。系统扩展时以 AT89S51 单片机为核心，通过总线把 AT89S51 单片机与各扩展部件连接起来。要进行系统扩展，首先要构造系统总线，系统总线按功能通常分为地址总线（Address Bus，AB）、数据总线（Data Bus，DB）和控制总线（Control Bus，CB）。在 AT89S51 单片机扩展系统中，P0 口接低 8 位地址/数据总线，P2 口接高位地址线，控制信号则由单片机引脚的第一功能信号和 P3 口第二功能信号提供。

当 CPU 访问存储器时，出现在地址总线上的地址信号可划分为片内地址线和片外地址线。片内地址线是直接与存储器连接的地址线，其所用根数与存储器的容量有关，容量$=2^n$，其中 n 为片内地址线的根数。剩余的地址线称为片外地址线，也称为片选地址线，常用作存储芯片的片选地址线或译码电路的输入地址线。

② 程序存储器的扩展。51 单片机地址总线宽度为 16 位，在片外可扩展的存储器最大容量为 64 KB，地址为 0000H～FFFFH。MCS-51 单片机对片外程序存储器和数据存储器的操作使用不同的指令和控制信号，允许两者的地址空间重叠，可扩展空间分别为 64 KB。片外数据存储器连同 I/O 口一起，总的扩展容量是 64 KB。

ROM（Read-Only Memory）是只读存储器的简称，是一种只能读出事先所存数据的固态半导体存储器。常用 EPROM 典型芯片是 27 系列产品，例如 Intel 2716（2K×8 位）、2732（4KB）、2764（8KB×8）、27128（16KB×8）、27256（32KB×8）和 27512（64KB×8）。

程序存储器扩展芯片的高位地址线直接与单片机 P2 口低位连接，低位地址线（A0～A7）通过地址锁存器 74LS373 接到 P0 口；芯片的数据线直接接到 P0 口；芯片的 $\overline{CE}$ 端一般接 P2 口的高位（线选法）或译码器输出端（译码器法）或接地；$\overline{OE}$ 端连接单片机 $\overline{PSEN}$ 端，控制 EPROM 中数据的读出。单片机的 ALE 信号端与锁存器的控制端连接，通过锁存器实现了单片机地址线与数据线的分离。根据芯片连接方法计算扩展程序存储器芯片地址。

③ 随机存取存储器 RAM（Random Access Memory）又称作"随机存储器"，分为静态 RAM（SRAM）和动态 RAM（DRAM）两种。常用的静态 RAM（SRAM）芯片有 6116（2K×8 位）、6264（8K×8 位）、62128（16K×8 位）、62256（32K×8 位）。数据存储器扩展芯片信号连接中地址线和数据线的连接与程序存储器扩展连接一样，控制信号 $\overline{OE}$ 端与单片机 $\overline{RD}$ 端连接，$\overline{WE}$ 端与单片机的 $\overline{WR}$ 端相连。根据芯片连接方法计算扩展数据存储器芯片地址。

④ 扩展并行 I/O 口。根据"输入三态，输出锁存"与总线相连的原则，选择 74LS 系列芯片即可扩展 I/O 口。通常使用三态缓冲器 74LS244、74LS245 扩展 8 位并行输入接口，用锁存器 74LS273，74LS373，74LS377 等扩展输出口。

可编程并行接口芯片 8255A 是一个 40 引脚的双列直插式集成电路芯片。通过控制字（控制寄存器）对其端口 A 口、B 口和 C 口的工作方式和 C 口各位的状态进行设置。8255A 共有两个控制字，一个是工作方式控制字，另一个是 C 口置位/复位控制字。这两个控制字共用一个地址，通过最高位来选择使用那个控制字。

可编程并行接口芯片 8255A 与单片机连接。P0 口提供低 8 位地址线和数据线，8255A 的数据线和 AT89S51 的 P0 直接相连；地址的低 8 位通过锁存器连接，地址的高 8 位则由 P2 口送出。

利用 P2 口的剩余高位地址线提供线选信号，与 8255A 的片选端相连，8255A 的 A0、A1 分别和 AT89S51 的 P0.0、P0.1 相连。8255A 的读写信号线分别和 AT89S51 的读写选通信号线相连；8255A 的复位端 RESET 与 AT89S51 的 RST 端相连。8255 初始化就是向控制寄存器写入工作方式控制字和 C 口置位/复位控制字。

【项目训练】

一、选择题

1. I/O 接口位于____。

A. 总线与设备之间　　　　　　　B. CPU 和 I/O 设备之间
C. 控制器与总线之间　　　　　　D. 运算器与设备之间

2. 一个 EPROM 的地址线有 A0～A11，它的容量为____。
A. 2KB　　　　B. 4KB　　　　C. 11KB　　　　D. 12KB

3. 当单片机扩展 8KB 程序存储器时，需使用 EPROM 2716____。
A. 2 片　　　　B. 3 片　　　　C. 4 片　　　　D. 5 片

4. 在下列信号中，不是供外扩展程序存储器使用的是____。
A. $\overline{PSEN}$　　　B. $\overline{EA}$　　　C. ALE　　　D. $\overline{WR}$

5. MCS-51 扩展 ROM、RAM 和 I/O 时，它的数据总线是____。
A. P0　　　　B. P1　　　　C. P2　　　　D. P3

6. 6264 芯片是____。
A. EPROM　　　B. EEPROM　　　C. RAM　　　D. FLASH ROM

7. 8255A 与 CPU 间的数据总线为____数据总线。
A. 4 位　　　　B. 8 位　　　　C. 16 位　　　　D. 32 位

8. 8255A 的方式控制字为 80H，其含义为____。
A. A、B、C 口全为方式 0 输入方式
B. A、B、C 口全为方式 0 输出方式
C. A 口为方式 2 输出方式，B、C 全为方式 0 输出方式
D. A、B 全为方式 0 输出方式，C 口任意

9. 设 8255A 的端口地址为 60H～63H，则控制字寄存器的地址为____。
A. 60H　　　　B. 61H　　　　C. 62H　　　　D. 63H

10. 8255A 中既可作数据输入、输出端口，又可提供控制信息、状态信息的端口是____。
A. B 口　　　B. A 口　　　C. A、B、C 三端口均可以　　　D. C 口

二、填空题

1. 在存储器扩展中，无论是线选法还是译码法，最终都是为扩展芯片的片选端提供_____控制信号。

2. MCS-51 单片机在访问外存储器时，利用_____信号锁存来自_____口的低 8 位地址信号。

3. 11 根地址线可选_____个存储单元，16KB 存储单元需要_____根地址线。

4. AT89S51 外部程序存储器的最大可扩展容量是_____，其地址范围是_____。

5. 向 8255 写入的工作方式命令为 0A5H，所定义的工作方式为：A 口为_____，B 口为_____，C 口高位部分为_____，C 口低位部分为_____。

6. ROM 芯片 2764 的容量是_____，若其首地址为 0000H，则其末地址_____。

7. 8255A 是一个_____接口芯片。

8. 在 AT89S51 单片机系统中，为外扩展存储器准备了_____条地址线，其中低位地址线由_____提供，高位地址线由_____提供。

9. 8255A 与 CPU 连接时，地址线一般与 CPU 的地址总线的_____连接。

10. 8255A 控制字的最高位 D7＝_____时，表示该控制字为方式控制字。

三、简答题

1. 在 AT89S51 单片机系统中，外接程序存储器和数据存储器共用 16 位地址线和 8 位数据线，为何不会发生冲突？

2. 外部存储器的片选方式有几种？各有哪些特点？

四、设计题

1. 现有 AT89S51 单片机、74LS373 锁存器、1 片 2764EPROM 和 2 片 6116RAM，请使用它们组成一个单片机系统，要求：

（1）画出硬件电路连接图，并标注主要引脚；

（2）指出该应用系统程序存储器空间和数据存储器空间各自的地址范围。

2. 设计一个电路，使 8255、1 片 2732、2 片 6116 与 8031 连接，要求：① 2732 首地址为 3000H；② 2 片 6116 地址与 2732 地址重叠；③ 8255 的 A 口用于基本输入，与按键开关连接，并用该数据控制 B 口的 2 位 LED 输出，8255 的端口地址为 7000H～7003H；④ 用 138 译码器进行片选；⑤ 画出电路并编写出驱动程序。

项目六 密码锁设计

【项目描述】

本项目要求使用单片机设计实现简易密码锁功能。项目要求根据实际需要以 AT89S51 作为主控模块,采用 4×4 矩阵键盘和 LCD1602 液晶模块构成简易密码锁系统,系统设置 6 位密码,密码通过键盘输入按确认键,若密码正确,LCD1602 液晶显示屏显示"correct",若密码输入位数不够或输入错误,按确认键后显示屏显示"error"。本项目的学习目标如下:

- 掌握键盘接口原理。
- 了解点阵字符型液晶显示模块 1602LCM。
- 熟悉 AT89S51 单片机与液晶显示器(LCD)的接口。

【知识准备】

一、键盘接口原理

键盘具有向单片机输入数据、命令等功能,是人与单片机对话的主要手段。下面介绍键盘的工作原理和键盘的工作方式。

1. 键盘输入应解决的问题

(1) 键盘的任务

① 判断是否有键按下。
② 识别是哪一个键按下。
③ 按下的按键对应的功能(键值处理程序)。

(2) 键盘输入的特点

常见键盘有触摸式键盘、薄膜键盘和按键式键盘,最常用的是按键式键盘。按键实质上就是一个开关。如图 6-1(a)所示,按键开关的两端分别连接在行线和列线上,通过键盘开关机械触点的断开、闭合,其行线电压输出波形如图 6-1(b)所示。

图 6-1(b)所示的 t_1 和 t_3 分别为键的闭合和断开过程中的抖动期(呈现一串负脉冲),

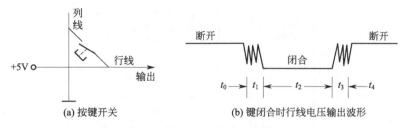

图 6-1 按键开关及其行线波形

抖动时间长短与开关的机械特性有关,一般为 5~10ms,t_2 为稳定的闭合期,其时间由按键动作确定,一般为十分之几秒到几秒,t_0、t_4 为断开期。

(3) 按键的识别

键的闭合与否,反映到行线输出电压上就是呈现高电平或低电平。高电平表示键断开,低电平则表示键闭合,通过对行线电平的高低状态的检测,可确认按键按下以及按键释放。为了确保对一次按键动作只确认一次按键有效,必须消除抖动期 t_1 和 t_3 的影响。

(4) 如何消除按键的抖动

按键去抖动的方法有软件消抖和硬件消抖两种。

软件消抖的基本思想是:在检测到有键按下时,该键所对应的行线为低电平,执行一段延时 10ms 的子程序后,确认该行线电平是否仍为低电平,如果仍为低电平,则确认该行确实有键按下。当按键松开时,行线的低电平变为高电平,执行一段延时 10ms 的子程序后,检测该行线为高电平,说明按键确实已经松开。采取本措施,可消除两个抖动期 t_1 和 t_3 的影响。

硬件消抖即采用专用的键盘/显示器接口芯片,这类芯片中都有自动去抖动的硬件电路。

2. 键盘的工作原理

键盘按照接口原理可分为编码键盘与非编码键盘两类。这两类键盘的主要区别是识别键符及给出相应键码的方法不同。编码键盘主要是用硬件来实现对按键的识别,它通过识别键是否按下以及所按下键的位置,由编码电路产生一个唯一对应的编码信息(如 ASCII 码),硬件结构复杂;非编码键盘主要是由软件来实现按键的定义与识别,它利用简单的硬件和一套专用键盘编码程序来识别按键的位置,然后由 CPU 将位置码通过查表程序转换成相应的编码信息,硬件结构简单,软件编程量大。这里只介绍非编码键盘。

非编码键盘利用按键直接与单片机相连接,这种键盘通常用在按键数量较少的场合。使用这种键盘,系统功能通常比较简单,需要处理的任务较少,但是可以降低成本、简化电路设计。按键的信息通过软件来获取。常见的非编码键盘有独立式键盘和矩阵式键盘两种结构。

(1) 独立式键盘

独立式键盘的原理是每个键各接一条 I/O 口线,通过检测 I/O 口线的电平状态,判断哪个按键被按下。优点是电路简单,各条检测线独立,识别按下按键的软件编写简单。适用于键盘按键数目较少的场合,不适用于键盘按键数目较多的场合,因为将占用较多的 I/O 口线。独立式键盘接口电路如图 6-2 所示。

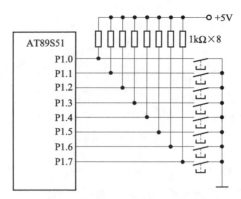

图 6-2 独立式键盘接口电路

(2) 矩阵式键盘

为减少键盘与单片机接口时所占用 I/O 口线数目，在键数较多时，通常将键盘排列成行列式键盘。利用矩阵结构只需要 N 条行线和 M 条列线，即可组成 $N×M$ 个按键的键盘。矩阵式键盘接口如图 6-3 所示。在行列矩阵式非编码键盘的单片机系统中，键盘处理程序首先执行有无按键按下的程序段，当确认有按键按下后，下一步识别哪个按键被按下，对键的识别通常采用逐行（或逐列）扫描法，用于按键数目较多的场合，可节省较多的 I/O 口线。

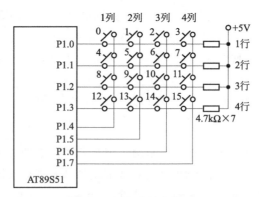

图 6-3 矩阵式键盘接口

3. 键盘的工作方式

单片机在忙于其他各项工作任务时，如何兼顾键盘的输入取决于键盘的工作方式。工作方式选取原则是：既要保证及时响应按键操作，又不过多占用单片机工作时间。

(1) 编程扫描方式

编程扫描方式是利用单片机空闲时间调用键盘扫描子程序，反复扫描键盘。

如果单片机的查询的频率过高，虽能及时响应键盘的输入，但会影响其他任务的进行。查询的频率过低可能会导致键盘输入漏判。所以要根据单片机系统的繁忙程度和键盘的操作频率来调整键盘扫描的频率。

(2) 定时扫描方式

单片机每隔一定时间对键盘扫描一次，在这种方式中，通常利用单片机内的定时器产生定时中断，进入中断子程序来对键盘进行扫描，在有键按下时，识别出该键，并执行相应键的处理程序。为了不漏判有效的按键，定时中断的周期一般应小于 100ms。

(3) 中断扫描方式

中断扫描原理是：只有在键盘有按键按下时，发出中断请求信号，单片机响应中断，执行键盘扫描程序中断服务子程序；无键按下，单片机将不理睬键盘。

中断扫描的优点是只有按键按下时才进行处理，所以其实时性强，工作效率高。

二、AT89S51 单片机与液晶显示器（LCD）的接口

LCD 本身并不发光，它利用液晶经过处理后能改变光线通过方向的特性，达到白底黑字或黑底白字显示的目的。LCD 显示器具有省电、抗干扰能力强等优点，广泛应用在智能仪器仪表和单片机测控系统中。

1. LCD 显示器的分类

当前市场上 LCD 显示器种类繁多，按排列形状可分为字段型、点阵字符型和点阵图形型。如图 6-4 所示。

(a) 字段型

(b) 点阵字符型

(c) 点阵图形型

图 6-4　LCD 显示器

① 字段型。以长条状组成字符显示。主要用于数字、英文、字符的显示，如计算器的显示屏。

② 点阵字符型。以 5×7 或 5×10 的点阵为单位显示字符。专门用于显示字母、数字、符号等。广泛应用在各类单片机应用系统中。

③ 点阵图形型。以平板上的矩阵式的晶格点来显示，广泛应用于图形显示，如用于笔记本电脑、彩色电视和游戏机等。

2. 点阵字符型液晶显示模块

单片机应用中，常用点阵字符型 LCD 显示器，要有相应的 LCD 控制器、驱动器来对 LCD 显示器进行扫描、驱动，还要 RAM 和 ROM 来存储单片机写入的命令和显示字符的点阵。由于 LCD 的面板较为脆弱，制造商已将 LCD 控制器、驱动器、RAM、ROM 和 LCD 显示器用 PCB 连接到一起，称为液晶显示模块（LCd Module，LCM）。

① 液晶显示板。在液晶显示板上排列着若干 5×7 或 5×10 点阵的字符显示位，从规格上分为每行 8、16、20、24、32、40 位，有 1 行、2 行及 4 行等。

② 模块电路框图。图 6-5 所示为字符型 LCD 模块的电路框图，它由日立公司生产的控制器 HD44780、驱动器 HD44100 及几个电阻和电容组成。HD44100 是扩展显示字符位用的（例如，16 字符×1 行模块就可不用 HD44100，16 字符×2 行模块就要用一片 HD44100）。

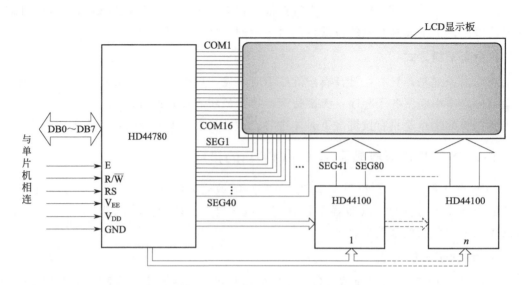

图 6-5　字符型 LCD 模块的电路框图

本书主要讲解常见的点阵型液晶显示模块 1602 字符型 LCM。

3. 1602 字符型 LCM

(1) 1602 字符型 LCM 的特性

单片机控制 LCM 时，只要向 LCM 送入相应的命令和数据就可显示需要的内容。1602 字符型 LCM 也叫 1602 液晶或 1602 字符型液晶，外形如图 6-6 所示，可显示两行，每行显示 16 个字符，是一种专门用来显示字母、数字、符号等的点阵型液晶模块。它由若干个 5×7 或者 5×11 等点阵字符位组成，每个点阵字符位都可以显示一个字符，每位之间有一个点距的间隔，每行之间也有间隔，起到了字符间距和行间距的作用，正因为如此，它不能很好地显示图形。

图 6-6　1602 字符型 LCM

HD44780 内置了 DDRAM、CGROM 和 CGRAM。

模块内有 80 字节的数据显示存储器（DDRAM），DDRAM 就是显示数据存储器，用来寄存待显示的字符代码。共 80 个字节，显示位和 DDRAM 地址的对应关系如表 6-1 所示。

表 6-1　显示位和 DDRAM 地址的对应关系

显示位	—	1	2	3	4	5	6	7	8	9	…	39	40
DDRAM 地址（H）	第一行	00	01	02	03	04	05	06	07	08	…	26	27
	第二行	40	41	42	43	44	45	46	47	48	…	66	67

想要在 LCD 屏幕的第一行第一列显示一个"A"字,就要向 DDRAM 的 00H 地址写入"A"字的代码就行了。一行有 40 个地址,在 LCD1602 中用前 16 个。第二行也是用前 16 个地址。DDRAM 地址与显示位置的对应关系为:

  00H 01H 02H 03H 04H 05H 06H 07H 08H 09H 0AH 0BH 0CH 0DH 0EH 0FH
  40H 41H 42H 43H 44H 45H 46H 47H 48H 49H 4AH 4BH 4CH 4DH 4EH 4FH

若要显示一个字符,需要写入其代码,通过代码找到字模才能在 LCD 模块的屏幕上显示。LCD 模块上固化了字模存储器,这就是 CGROM 和 CGRAM。

HD44780 模块内部具有字符发生器,CGROM,即字符库,可显示 192 个 5×7 点阵字符,如图 6-7 所示。由该字符库可看出 LCM 显示的数字和字母部分的代码值恰好与 ASCII 码表中的数字和字母相同,所以在显示数字和字母时,只需向 LCM 送入对应的 ASCII 码即可。

HD44780 模块内有 64 字节的自定义字符存储器,即 CGRAM,用户可自行定义 8 个 5×7 点阵字符。

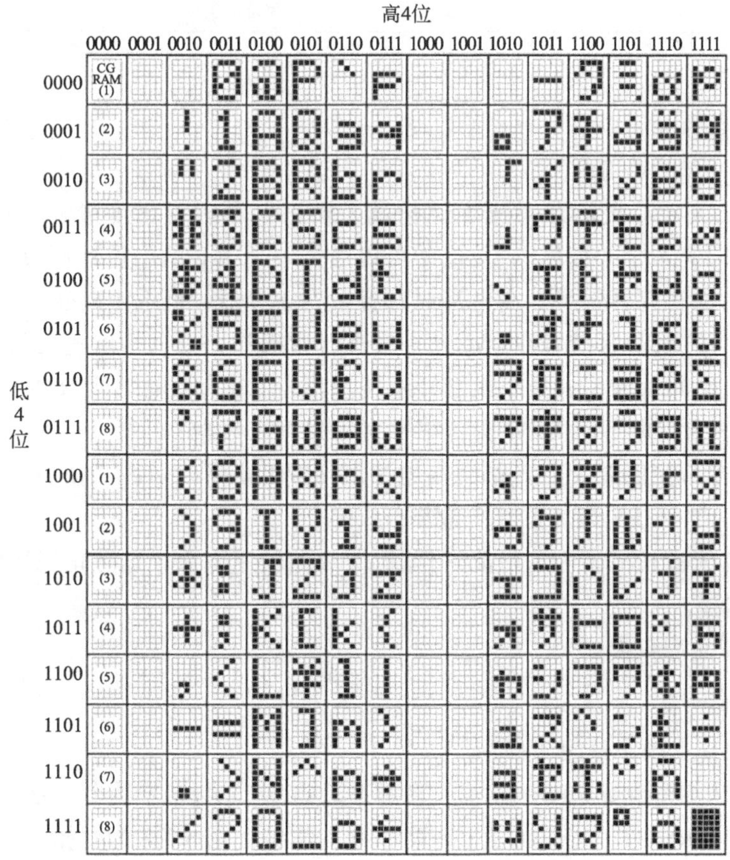

图 6-7 ROM 字符库的内容

(2) LCM 的引脚

LCM 模块有 16 个引脚,也有少数的 LCM 有 14 个引脚,其中包括 8 条数据线、3 条控制线和 3 条电源线。通过单片机写入模块的命令和数据，就可对显示方式和显示内容做出选择。

1602LCD 采用标准的 16 脚（带背光）或 14 脚（无背光）接口，各引脚接口说明如表 6-2 所示。

表 6-2　1602LCD 液晶显示模块的引脚

引脚号	符号	引脚说明
1	V_{SS}	电源地
2	V_{DD}	电源正极
3	V_L	液晶显示偏压信号
4	RS	数据/命令状态寄存器选择端(H/L)
5	R/W	读/写操作选择端(H/L)
6	E	使能信号
7~14	D0~D7	数据总线
15	BLA	背光源正极
16	BLK	背光源负极

引脚接口说明：

第 1 脚：V_{SS} 为电源地。

第 2 脚：V_{DD} 接 5V 正电源。

第 3 脚：VL 为液晶显示器对比度调整端，接正电源时对比度最弱，接地时对比度最高，对比度过高时会产生"鬼影"，使用时可以通过一个 10k 的电位器调整对比度。

第 4 脚：RS 为寄存器选择，高电平时选择数据寄存器，低电平时选择指令寄存器。

第 5 脚：R/W 为读/写信号线，高电平时进行读操作，低电平时进行写操作。当 RS 和 R/W 共同为低电平时可以写入指令或者显示地址，当 RS 为低电平而 R/W 为高电平时可以读忙信号，当 RS 为高电平而 R/W 为低电平时可以写入数据。

第 6 脚：E 端为使能端，当 E 端由高电平跳变成低电平时，液晶模块执行命令。

第 7~14 脚：D0~D7 为 8 位双向数据线。

第 15 脚：背光源正极。为了限流，延长 LCD 的使用寿命，也防止烧坏背光灯，接一个电阻后与 V_{CC} 连接。

第 16 脚：背光源负极。

(3) 基本操作

LCD1602 的基本操作分为四种：

读状态：输入 RS=0，RW=1，E=高脉冲。输出：D0~D7 为状态字。

读数据：输入 RS=1，RW=1，E=高脉冲。输出：D0~D7 为数据。

写命令：输入 RS=0，RW=0，E=高脉冲。输出：无。

写数据：输入 RS=1，RW=0，E=高脉冲。输出：无。

(4) HD44780 的指令集及其设置说明

控制器 HD44780 内有多个寄存器，寄存器的选择如表 6-3 所示。

表 6-3 寄存器的选择

RS	R/$\overline{W}$	操作	RS	R/$\overline{W}$	操作
0	0	命令寄存器写入	1	0	数据寄存器写入
0	1	忙标志和地址计数器读出	1	1	数据寄存器读出

RS 位和 R/$\overline{W}$ 脚上的电平决定对寄存器的选择和读/写，而 DB7~DB0 决定指令功能。HD44780 共 11 条指令，介绍如下。

① 清屏指令格式：

RS	R/$\overline{W}$	DB7	DB6	DB5	DB4	DB3	DB2	DB1	DB0
0	0	0	0	0	0	0	0	0	1

功能：清除屏幕显示，并给地址计数器 AC 置 "0"。

② 返回指令格式：

RS	R/$\overline{W}$	DB7	DB6	DB5	DB4	DB3	DB2	DB1	DB0
0	0	0	0	0	0	0	0	1	×

功能：置 DDRAM（显示数据 RAM）及显示 RAM 的地址为 "0"，显示返回到原始位置。

③ 输入方式设置指令格式：

RS	R/$\overline{W}$	DB7	DB6	DB5	DB4	DB3	DB2	DB1	DB0
0	0	0	0	0	0	0	1	I/D	S

功能：设置光标的移动方向，并指定整体显示是否移动。其中：I/D=1，为增量方式；I/D=0，为减量方式；如 S=1，表示移位；如 S=0，表示不移位。

④ 显示开关控制指令格式：

RS	R/$\overline{W}$	DB7	DB6	DB5	DB4	DB3	DB2	DB1	DB0
0	0	0	0	0	0	1	D	C	B

功能：D 位（DB2）控制整体显示的开与关，D=1，开显示；D=0，则关显示。
C 位（DB1）控制光标的开与关，C=1，光标开；C=0，则光标关。
B 位（DB0）控制光标处字符闪烁，B=1，字符闪烁；B=0，字符不闪烁。

⑤ 光标移位指令格式：

RS	R/$\overline{W}$	DB7	DB6	DB5	DB4	DB3	DB2	DB1	DB0
0	0	0	0	0	1	S/C	R/L	×	×

功能：移动光标或整体显示，DDRAM 中内容不变。
S/C=1 时，显示移位；S/C=0 时，光标移位。
R/L=1 时，向右移位，R/L=0 时，向左移位。

⑥ 功能设置指令格式：

RS	R/$\overline{W}$	DB7	DB6	DB5	DB4	DB3	DB2	DB1	DB0
0	0	0	0	1	DL	N	F	×	×

功能：DL 位设置接口数据位数，DL=1 为 8 位数据接口；DL=0 为 4 位数据接口。
N 位设置显示行数，N=0 单行显示；N=1 双行显示。
F 位设置字型大小，F=1 为 5×10 点阵，F=0 为 5×7 点阵。
⑦ CGRAM（自定义字符 RAM）地址设置指令格式：

RS	R/$\overline{W}$	DB7	DB6	DB5	DB4	DB3	DB2	DB1	DB0
0	0	0	1	A	A	A	A	A	A

功能：设置 CGRAM 的地址，地址范围为 0～63。
⑧ DDRAM（数据显示存储器）地址设置指令格式：

RS	R/$\overline{W}$	DB7	DB6	DB5	DB4	DB3	DB2	DB1	DB0
0	0	1	A	A	A	A	A	A	A

功能：设置 DDRAM 的地址，地址范围为 0～127。
⑨ 读忙标志 BF 及地址计数器指令格式：

RS	R/$\overline{W}$	DB7	DB6	DB5	DB4	DB3	DB2	DB1	DB0
0	0	BF				AC			

功能：BF 位为忙标志。BF=1，表示忙，此时 LCM 不能接收命令和数据；BF=0，表示 LCM 不忙，可接收命令和数据。
AC 位为地址计数器的值，范围为 0～127。
⑩ 向 CGRAM/DDRAM 写数据指令格式：

RS	R/$\overline{W}$	DB7	DB6	DB5	DB4	DB3	DB2	DB1	DB0
1	0				DATA				

功能：将数据写入 CGRAM 或 DDRAM 中，应与 CGRAM 或 DDRAM 地址设置命令结合使用。
⑪ 从 CGRAM/DDRAM 中读数据指令格式：

RS	R/$\overline{W}$	DB7	DB6	DB5	DB4	DB3	DB2	DB1	DB0
1	1				DATA				

功能：从 CGRAM 或 DDRAM 中读出数据，应与 CGRAM 或 DDRAM 地址设置命令结合使用。

4. AT89S51 单片机与 LCD 的接口及软件编程

（1）AT89S51 单片机与 LCD 模块的接口
AT89S51 单片机与 LCD 模块的接口如图 6-8 所示。

（2）软件编程
LCD 模块初始化。使用 LCD 模块要先对其进行初始化，否则模块无法正常显示。初始化有两种方法。
① 利用模块内部的复位电路进行初始化。LCM 有内部复位电路，能进行上电复位。复

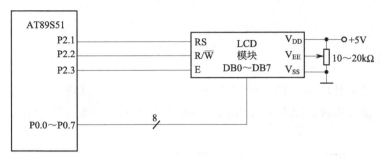

图 6-8 AT89S51 单片机与 LCD 模块的接口

位期间 BF＝1，在电源电压 V_{DD} 达 4.5V 以后，此状态可维持 10ms，复位时执行下列命令：
- 清除显示；
- 功能设置，DL＝1 为 8 位数据长度接口；N＝0 单行显示；F＝0 为 5×7 点阵字符；
- 开/关设置，D＝0 关显示；C＝0 关光标；B＝0 关闪烁功能；
- 进入方式设置，I/D＝1 地址采用递增方式；S＝0 关显示移位功能。

② 利用软件进行初始化。流程如图 6-9 所示。

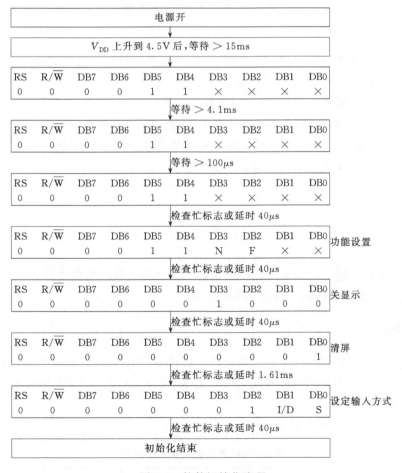

图 6-9 软件初始化流程

【项目实施】

一、设计方案

根据设计要求及其功能分析,系统可分为 AT89S51 主控模块、电源电路、时钟电路、复位电路、键盘输入模块、LCD 显示模块。其系统原理框图如图 6-10 所示。

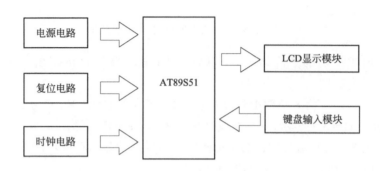

图 6-10 密码锁系统原理框图

各模块说明:
① 主控模块采用 ATMEL 公司生产的 AT89S51 单片机作为系统的控制器;
② 键盘输入模块采用 4×4 矩阵键盘;
③ LCD 显示模块采用 LCD1602 液晶模块。

本系统设置 6 位密码,密码通过键盘输入按确认键,若密码正确,LCD1602 液晶显示屏显示"correct",密码输入位数不够或输入错误按确认键显示屏显示"error"。

键盘采用 4×4 键盘输入,键盘对应名称如下:

```
1 2 3 A
4 5 6 B
7 8 9 C
* 0 # D
```

其中 0~9 为数字键,用于输入相应的密码,*号键为取消当前操作,♯号键为确认键,其它键无功能及定义。密码锁密码为 888888。

二、硬件电路

系统采用 AT89S51 单片机作为控制核心,通过 P0 口与 LCD1602 连接,当密码输入正确时显示"Correct",密码输入错误时显示"Error"。P1 口连接 4×4 矩阵键盘,用户通过键盘输入密码锁的密码。见图 6-11。

电路所需用仿真元器件见表 6-4。

表 6-4 电路所需用仿真元器件

元器件名称	参数	数量	元器件名称	参数	数量
单片机	AT89C51	1	电阻	RES	1

续表

元器件名称	参数	数量	元器件名称	参数	数量
晶振	CRYSTAL	1	排阻	RESPACK-8	1
电容	CAP	2	按键	BUTTON	16
电解电容	CAP-ELEC	1	LCD1602	LM016L	1

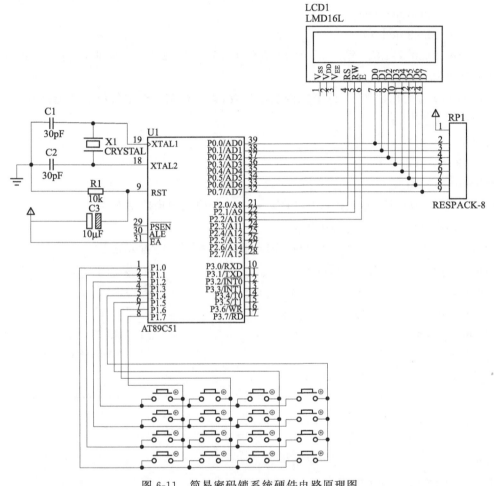

图 6-11　简易密码锁系统硬件电路原理图

三、Keil C51 源程序设计与调试

简易密码锁设计系统源程序主要包含主函数 main()、检测按键并返回按键值函数、将按键编码为数值函数、确认键函数、取消操作函数、LCD1602 初始化函数、液晶写入指令函数、液晶写入数据函数等。

1. 创建项目

在 D 盘上建立一个文件夹 xm06，用来存放本项目所有的文件。启动"Keil uVision2 专业汉化版"，进入 Keil C51 开发环境，新建名为"pro6"的项目，保存在 D 盘的文件夹 xm06 中。设置时钟频率为 12MHz，设置输出为生成 Hex 文件。

2. 建立源程序文件

单击主界面菜单"文件"—"新建",在编辑窗口中输入以下的源程序。程序输入完成后,选择"文件"—"另存为",将该文件以扩展名为.C格式(如pr06.C)保存在刚才建立的文件夹(xm06)中。以下是简易密码锁设计系统源程序。

```c
#include <REG51.h>
#define LCM_Data  P0
#define uchar unsigned char
#define uint  unsigned int
#define one 0x80   //LCD 第一行的初始位置,LCD1602 字符地址首位 D7 恒定为 1(100000000=80)
#define two 0x80+0x40  //LCD第二行初始位置(第二行第一个字符位置地址是0x40)
sbit lcd1602_rs=P2^0;
sbit lcd1602_rw=P2^1;
sbit lcd1602_en=P2^2;
void delayms(uint);
uchar code a[]={0xFE,0xFD,0xFB,0xF7};       //控盘扫描控制表
uchar code InitTwo[]   = {"password:       "};
uchar code name[]      = {"===Coded Lock==="};  //显示名称
uchar code Correct[]={"      correct       "};     //密码正确
uchar code Error[]     = {"      error         "};    //密码错误
uchar code Input[]   = {"input:          "};         //INPUT
uchar InputData[6];                          //存储输入密码
uchar N=0;                                   //存放密码输入位数
uchar code InitPassword[6]={8,8,8,8,8,8};
//***************************ms 延时****************************
void delayms(uint k)
  {
    uint i,j;
    for(i=0;i<k;i++)
      for(j=0;j<125;j++);
  }

//***********************液晶写入指令函数************************
write_1602com(uchar com)//
{
    lcd1602_rs=0;//数据/指令选择置为指令
    lcd1602_rw=0;//读写选择置为写
    P0=com;        //送入指令
    delayms(1);
```

```c
        lcd1602_en=1;  //en下降沿液晶执行命令
        delayms(1);
        lcd1602_en=0;
}
// ************************液晶写入数据函数 **************************
write_1602dat(uchar dat)
{
        lcd1602_rs=1;    //数据/指令选择置为数据
        lcd1602_rw=0;    //读写选择置为写
        P0=dat;          //送入数据
        delayms(1);
        lcd1602_en=1;  //en下降沿液晶执行命令
        delayms(1);
        lcd1602_en=0;
}


// ****************************LCD1602初始化 **************************
void lcd_init(void)
{
        write_1602com(0x38);//设置液晶工作模式:16*2行显示,5*7点阵,8位数据
        write_1602com(0x0c);//开显示不显示光标
        write_1602com(0x06);//整屏不移动,光标自动右移
        write_1602com(0x01);//清显示
}
// ***************************将按键编码为数值 **************************
uchar coding(uchar key)
{
        uchar keycode;
        switch(key)
        {
                case (0x88): keycode=1;break;
                case (0x48): keycode=2;break;
                case (0x28): keycode=3;break;
                case (0x18): keycode='A';break;
                case (0x84): keycode=4;break;
                case (0x44): keycode=5;break;
                case (0x24): keycode=6;break;
                case (0x14): keycode='B';break;
                case (0x82): keycode=7;break;
```

```c
            case (0x42): keycode=8;break;
            case (0x22): keycode=9;break;
            case (0x12): keycode='C';break;
            case (0x81): keycode=' * ';break;
            case (0x41): keycode=0;break;
            case (0x21): keycode='#';break;
            case (0x11): keycode='D';break;
        }
        return(keycode);
}
// *************************检测按键并返回按键值**************************
uchar keynum(void)
{
        uchar row,col,i;
        P1=0xf0;
        if((P1&0xf0)!=0xf0)
        {
                delayms(5);
    if((P1&0xf0)!=0xf0)
    {
        row=P1^0xf0;              //确定行线
        i=0;
        P1=a[i];          //精确定位
        while(i<4)
        {
            if((P1&0xf0)!=0xf0)
            {
                col=~(P1&0xff);   //确定列线
                break;            //已定位后退出
            }
            else
            {
                i++;
                P1=a[i];
            }
        }
    }
        }
        else
        {
```

```
            return 0;
        }
        while((P1&0xf0)!=0xf0);
        return (row|col);    //行线与列线组合后返回
    }
    else return 0;           //无键按下时返回 0
}


//**************************取消操作**************************
void Cancel(void)
{
    uchar i;
    uchar j;
    write_1602com(two);
    for(j=0;j<16;j++)
    {
        write_1602dat(InitTwo[j]);
    }
    for(i=0;i<6;i++)
    {
        InputData[i]=0;
    }

    N=0;                      //输入位数计数器清零
}
//**************************确认键**************************
void Ensure(void)
{
    uchar i,j,flag;
    flag=1;
    if(N==6)
      {
          for(i=0;i<6;i++)
          {
              if(InitPassword[i]!=InputData[i])
                flag=0;
          }
          if(flag)
```

```c
                    {
                        write_1602com(two);
                        for(j=0;j<16;j++)
                            write_1602dat(Correct[j]);
                    }
                    else
                    {
                        write_1602com(two);
                        for(j=0;j<16;j++)
                            write_1602dat(Error[j]);
                    }
                    for(j=0;j<6;j++)          //输入清除
                            InputData[i]=0;

            }
            else
            {
                write_1602com(two);
                for(j=0;j<16;j++)
                    write_1602dat(Error[j]);
                //pass=0;
            }
            N=0;          //输入数据计数器清零,为下一次输入作准备
}
//**************************主函数****************************
void main(void)
{
    uchar KEY,NUM;
    uchar i,j;
    P1=0xFF;
    delayms(400);  //等待 LCM 进入工作状态
    lcd_init();    //LCD 初始化
    write_1602com(one);//固定符号从第一行第 0 个位置之后开始显示
    for(i=0;i<16;i++)
    {
            write_1602dat(name[i]);//向液晶屏写固定符号部分
    }
    write_1602com(two);//第二行固定符号写入位置,从第 2 个位置后开始显示
```

```c
for(i=0;i<16;i++)
{
    write_1602dat(InitTwo[i]);//冒号
}
write_1602com(two+9);//设置光标位置
write_1602com(0x0f);//设置光标为闪烁
N=0;//初始化数据输入位数
while(1)
{
    KEY=keynum();
    if(KEY!=0)
    {
        NUM=coding(KEY);
        {
            switch(NUM)
            {
                case ('A'):; break;
                case ('B'):;    break;
                case ('C'):; break;
                case ('D'):      ;break;        //重新设置密码
                case ('*'):Cancel();break;       //取消当前输入
                case ('#'):Ensure(); break;     //确认键
                default:
                {
                    write_1602com(two);
                    for(i=0;i<16;i++)
                    {
                        write_1602dat(Input[i]);
                    }
                    if(N<6)    //当输入的密码少于6位时保存,大于6位无效
                    {
                        for(j=0;j<=N;j++)
                        {
                            write_1602com(two+6+j);
                            write_1602dat('*');
                        }
                        InputData[N]=NUM;
                        N++;
```

```
                    }
                    else        //输入数据位数大于 6 后,忽略输入
                    {
                        N=6;
                        break;
                    }
                }
            }
        }
    }
}
```

3. 添加文件到当前项目组中

单击工程管理器中"Target 1"前的"+"号,出现"Source Group1"后再单击,加亮后右击,在出现的快捷菜单中选择"Add Files to Group 'Source Group1'",在增加文件对话框中选择刚才编辑的文件 pro6.C,单击"ADD"按钮,这时 pro6.C 文件便加入到 Source Group1 这个组里了。

4. 编译文件

单击主菜单栏中的"项目"—"重新构造所有对象文件"选项。如果编译出错重新修改源程序,直至编译通过为止,编译通过后将输出一个以 HEX 为后缀名的目标文件。

四、Proteus 仿真

用 Keil uVision2 和 Proteus 软件实现联合程序调试并仿真。

1. 新建设计文件

运行 Proteus 的 ISIS,进入仿真软件的主界面,执行"文件"—"新建设计"命令,弹出对话框,选择合适的模板(通常选择 DEFAULT)。单击主工具栏的保存文件按钮,在弹出的 Save ISIS Design File 对话框中,选择保存目录(D:\xm06),输入文件名称例如 sj06,保存类型采用默认值(.DSN)。单击保存按钮,完成新建工作。

2. 绘制电路图

放置元器件、电源和地(终端),进行电路图连线和电气规则检查。

3. 电路仿真

把在 keil uVision2 中编译成的 .Hex 文件加载到 Proeus 的单片机中,按下仿真按钮,观察仿真结果。输入原始密码"888888",按"#"键,液晶显示屏显示正确信息"correct";输入错误密码或输入的密码位数不够按确认键,显示错误信息"Error"。按下"*"键,取消当前输入的密码。图 6-12 所示为密码正确时的仿真结果。

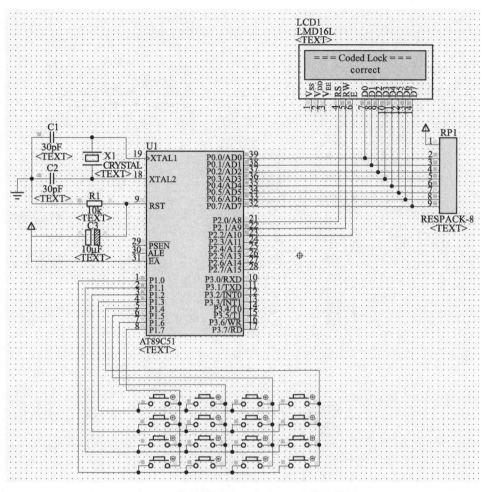

图 6-12　简易密码锁设计系统正确仿真结果

【拓展与提高】

本系统首先设置系统密码，根据用户键盘输入，跟密码进行比对，若正确显示正确信息，若错误显示错误信息。在此基础上可以添加密码存储模块、密码重设模块、正确提示模块、错误报警模块以及机械开锁模块。以下是添加了部分功能的硬件原理图，如图 6-13 所示（见下页图），编程留给读者自行完成。

【项目小结】

本项目主要讲解了利用单片机控制功能实现简易密码锁的相关内容。主要涉及以下知识。

① 键盘接口原理。键盘具有向单片机输入数据、命令等功能，是人与单片机对话的主要手段。键盘的任务是：a. 判断是否有键按下；b. 识别是哪一个键按下；c. 按下的按键对应的功能（键值处理程序）。键盘需要消抖、识别。按键去抖动的方法有软件消抖和硬件消抖两种。识别是否有键按下采用编程扫描方式、定时扫描方式和中断扫描方式。

② 液晶显示器。液晶显示器按排列形状可分为字段型、点阵字符型和点阵图形型。字

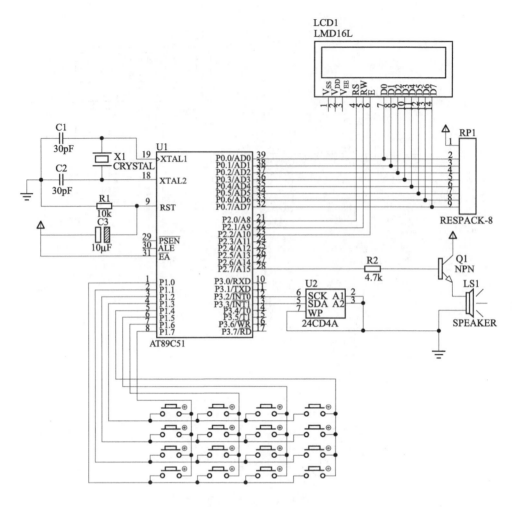

图 6-13 硬件原理图

段型以长条状组成字符显示,主要用于数字、英文、字符的显示,如计算器的显示屏。点阵字符型以 5×7 或 5×10 的点阵为单位显示字符,专门用于显示字母、数字、符号等,广泛应用在各类单片机应用系统中。点阵图形型以平板上的矩阵式的晶格点来做显示,广泛用于图形显示,如用于笔记本电脑、彩色电视和游戏机等。

③ 常用点阵字符型 LCD 显示器。要有相应的 LCD 控制器、驱动器来对 LCD 显示器进行扫描、驱动,还要 RAM 和 ROM 来存储单片机写入的命令和显示字符的点阵。LCD 的面板较为脆弱,制造商将 LCD 控制器、驱动器、RAM、ROM 和 LCD 显示器用 PCB 连接到一起,称为液晶显示模块(LCd Module,LCM)。

④ 1602 字符型 LCM 的特性。LCD1602 内部具有字符发生器 ROM(CGROM),即字符库,可显示 192 个 5×7 点阵字符,在显示数字和字母时,只需向 LCM 送入对应的 ASCII 码即可。模块内有 64 字节的自定义字符 RAM(CGRAM),用户可自行定义 8 个 5×7 点阵字符。模块内有 80 字节的数据显示存储器(DDRAM)。LCM1602 模块有 16 个引脚。有 11 条命令。

【项目训练】

一、选择题

1. 若要在 LCM 中显示某些字符，则需把所要显示的字符放入____中。
   A. CG RAM   B. DDRAM   C. IRAM   D. GDRAM
2. 若要对 LCM 下指令，则应设置____。
   A. RS=0，R/W=0   B. RS=1，R/W=0
   C. RS=1，R/W=0   D. RS=0，R/W=1
3. 若要将数据写入 LCM，则应设置____。
   A. RS=0，R/W=0   B. RS=1，R/W=0
   C. RS=1，R/W=0   D. RS=0，R/W=1
4. 若对 LCM 操作，应对 EN 引脚如何操作？____
   A. 送入一个正脉冲   B. 送入一个负脉冲
   C. EN 引脚接地即可   D. EN 引脚不影响
5. 中文 LCM 的中文字型放置在____。
   A. CGROM   B. HCGROM   C. DDRAM   D. GDRAM
6. 非编码键盘中的单片机不需要进行以下____工作。
   A. 键盘扫描   B. 消除抖动   C. 生成编码   D. 编码串并转换
7. 键盘按键机械抖动的时间一般为____。
   A. 1~2s   B. 5~10ms   C. 5~10μs   D. 无限长
8. 在对 LCD1602 进行初始化时，设置 8 位数据端口，2 行显示，5×7 点阵显示模式的语句是：____。
   A. write_1602com（0x38）   B. write_1602com（0x0c）
   C. write_1602com（0x01）   D. write_1602com（0x06）

二、填空题

1. 按键去抖动的方法有_____和_____两种方法。
2. 键盘按照接口原理可分为_____与_____两类。
3. 常见的非编码键盘有_____和_____两种结构。
4. 液晶显示器种类繁多，按排列形状可分为_____、_____和_____。
5. LCD1602 字符型液晶，可显示_____行，每行显示_____个字符。
6. LCD1602 的控制芯片型号是_____，内部具有_____字节的 RAM，其中第一行映射的 RAM 地址范围是_____，第二行映射的 RAM 地址范围_____。
7. LCD1602 引脚 E 端为使能端，当 E 端_____时，液晶模块执行命令。

三、简答题

1. 简述独立式键盘和矩阵式键盘的工作原理。
2. 键盘有哪三种工作方式，它们各自的工作原理及特点是什么？

四、设计题

用字符型 LCD1602 液晶屏设计显示广告牌，要求显示两行内容，内容自定。

项目七　串行通信

【项目描述】

本项目要求用单片机串行口完成双机通信控制对方彩灯闪烁功能。

项目要求根据实际需要运用串行口,连接两台单片机,其中任一台单片机可以通过串行口发送信息到另一台单片机,完成对方单片机彩灯的亮灭控制。当按下按键时,本单片机连接的 LED 亮,同时通过串行口把信号传到另一台单片机,也控制其完成 LED 亮,再按下按键,控制 LED 灭,周而复始。两台单片机的按键功能一样。本项目的学习目标如下:

- 掌握串行通信基础。
- 熟悉与串行口有关的特殊功能寄存器。
- 掌握串行口的 4 种工作方式。
- 了解串行通信接口标准。

【知识准备】

一、串行通信基础

通信是指计算机与外部设备或计算机与计算机之间的信息交换。在通信领域内,数据通信中按每次传送的数据位数,通信方式可分为:并行通信和串行通信。

并行通信通常是将数据字节的各位用多条数据线同时进行传送。并行通信控制简单、传输速度快;由于传输线较多,长距离传送时成本高且接收方的各位同时接收存在困难。

串行通信是指一条信息的各位数据逐位按顺序传送的通信方式。串行通信中数据传送按位顺序进行,最少只需一根传输线即可完成,传输线少,长距离传送时成本低。

1. 异步通信与同步通信

串行通信是将数据分成一位一位的形式在一条传输线上逐个传送。按照串行数据的同步方式,串行通信可以分为同步通信和异步通信两类。

(1) 同步通信

同步通信是主机在进行通信前要先建立同步,即要使用相同的时钟频率,发送方的发送频率和接受方的接受频率要同步。同步通信传送信息的位数几乎不受限制,通信效率较高,但它要求在通信中保持精确的同步时钟，所以其发送器和接收器比较复杂，成本也较高，一般用于传送速率要求较高的场合。AT89S51集成一个全双工通用异步收发（UART）串行口，没有同步串行口。

（2）异步通信

异步通信是指通信的发送与接收设备使用各自的时钟控制数据的发送和接收过程。在异步通信中有两个比较重要的指标是字符帧格式和波特率。

① 字符帧格式。异步通信方式规定了传送格式，每个数据均以相同的帧格式传送。异步通信中一帧数据的格式如图 7-1 所示，异步通信的字符帧也叫数据帧，每帧信息由起始位、数据位、奇偶校验位和停止位组成，帧与帧之间用高电平分隔开。

图 7-1 异步通信一帧数据格式

起始位：异步通信数据帧的第一位是开始位，在通信线上没有数据传送时处于逻辑"1"状态。当发送设备要发送一个字符数据时，首先发出一个逻辑"0"信号，这个逻辑低电平就是起始位。起始位通过通信线传向接收设备，当接收设备检测到这个逻辑低电平后，就开始准备接收数据位信号。因此，起始位所起的作用就是表示字符传送开始。

数据位：当接收设备收到起始位后，紧接着就会收到数据位。数据位的个数可以是5，6，7 或 8 位的数据。在字符数据传送过程中，数据位从最低位开始传输。

奇偶校验位：数据发送完之后，可以发送奇偶校验位。奇偶校验位用于有限差错检测，通信双方在通信时需约定一致的奇偶校验方式。就数据传送而言，奇偶校验位是冗余位，但它表示数据的一种性质，这种性质用于检错，虽有限但很容易实现。

停止位：在奇偶位或数据位之后发送的是停止位，可以是 1 位、1.5 位或 2 位。停止位是一个字符数据的结束标志。

在异步通信中，字符数据以图所示的格式一个一个地传送。并且每个字符的传送总是以起始位开始，以停止位结束，在发送间隙，即空闲时，通信线路总是处于逻辑"1"状态，每个字符数据的传送均以逻辑"0"开始。

② 波特率。波特率是串口的传输速度，串口的传输速度一般用每秒钟传输的位数来表示，如 19200bit/s，国际上规定了一个标准波特率系列，也是最常用的波特率，标准波特率系列为 110、300、600、1200、1800、2400、4800、7200、9600 和 19200 等。波特率反映了数据通信位流的速度，波特率越高，数据信息传送越快。

2. 串行通信的传输方向

根据信息的传送方向，串行通信可以分为单工、半双工和全双工三种制式。单工制式是指甲乙双方通信时只能单向传送数据，发送方和接收方固定。

半双工制式是指通信双方都具有发送器和接收器，既可以发送也可以接收，但不能同时接收和发送，发送时不能接收，接收时不能发送。

全双工制式是指通信双方均设有发送器和接收器，并且信道划分为发送信道和接收信道，因此全双工制式可实现甲乙双方同时发送和接收数据，发送时能接收，接收时也能发送。

3. 串行通信的校验

串行通信更重要的是应确保准确无误地传送。因此必须考虑在通信过程中对数据差错进行校验，校验方法有奇偶校验、累加和校验以及循环冗余码校验等。其中奇偶校验是最容易实现并且应用广泛的校验方法。

奇偶校验是在发送数据时，数据位后有 1 位为奇偶校验位（1 或 0）。奇校验时，数据中"1"的个数与校验位"1"的个数之和应为奇数；偶校验时，数据中"1"的个数与校验位"1"的个数之和应为偶数。接收字符时，对"1"的个数进行校验，若发现不一致，则说明传输数据过程中出现了差错，此时接收方可以向发送方发送请求，要求重新发送一遍数据。

二、AT89S51 的串行口

1. 串行口的结构

AT89S51 单片机内部集成有一个可编程的全双工通用异步收发串行口，内部结构如图 7-2 所示。系统有两个物理上独立的接收、发送缓冲器，可以同时发送和接收数据。发送缓冲器只能写入不能读出，而接收缓冲器只能读出不能写入，因而两个缓冲器共用一个地址 99H。两个缓冲器统称为串行通信特殊功能寄存器 SBUF。

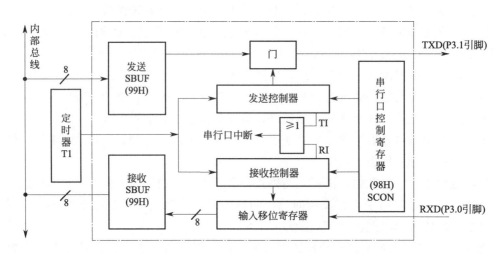

图 7-2 串行口的内部结构图

AT89S51 的串行口设有两个控制寄存器：串行口控制寄存器 SCON 和波特率选择寄存器 PCON。

(1) 串行口控制寄存器 SCON (98H)

SCON 是一个特殊功能寄存器，用以设定串行口的工作方式、接收/发送控制以及设置状态标志，字节地址 98H，可位寻址，位地址为 98H～9FH。格式如图 7-3 所示。

SCON		D7	D6	D5	D4	D3	D2	D1	D0	98H
		SM0	SM1	SM2	REN	TB8	RB8	TI	RI	
	位地址	9FH	9EH	9DH	9CH	9BH	9AH	99H	98H	

图 7-3　串行口控制寄存器 SCON 的格式

SCON 中各位的功能：

① SM0、SM1——串行口 4 种工作方式选择位。SM0、SM1 两位编码所对应的 4 种工作方式见表 7-1 所示。

表 7-1　串行口的 4 种工作方式

SM0	SM1	方式	功能说明
0	0	0	同步移位寄存器方式（用于扩展 I/O 口）
0	1	1	8 位异步收发，波特率可变（由定时器控制）
1	0	2	9 位异步收发，波特率为 $f_{osc}/64$ 或 $f_{osc}/32$
1	1	3	9 位异步收发，波特率可变（由定时器控制）

② SM2——多机通信控制位。多机通信是在方式 2 和方式 3 下进行。当串口以方式 2 或方式 3 接收时，如果 SM2＝1，则只有当接收到的第 9 位数据（RB8）为"1"时，才使 RI 置"1"，产生中断请求，并将接收到的前 8 位数据送入 SBUF。

当接收到的第 9 位数据（RB8）为"0"时，则将接收到的前 8 位数据丢弃。

当 SM2＝0 时，则不论第 9 位数据是 1 还是 0，都将前 8 位数据送入 SBUF 中，并使 RI 置 1，产生中断请求。

在方式 1 时，如果 SM2＝1，则只有收到有效的停止位时才会激活 RI。在方式 0 时，SM2 必须为 0。

③ REN——允许串行接收位。由软件置"1"或清"0"。REN＝1，允许串行口接收数据。

REN＝0，禁止串行口接收数据。

④ TB8——发送的第 9 位数据。在方式 2 和方式 3，TB8 是要发送的第 9 位数据，其值由软件置"1"或清"0"。在双机串行通信时，一般作为奇偶校验位使用；在多机串行通信中用来表示主机发送的是地址帧还是数据帧，TB8＝1 为地址帧，TB8＝0 为数据帧。

⑤ RB8——接收的第 9 位数据。在方式 2 和方式 3，RB8 存放接收到的第 9 位数据。在方式 1，如 SM2＝0，RB8 是接收到的停止位。在方式 0 下，不使用 RB8。

⑥ TI——发送中断标志位。在方式 0 下，串行发送的第 8 位数据结束时 TI 由硬件置"1"，在其他方式中，串行口发送停止位的开始时置 TI 为"1"。

TI＝1，表示一帧数据发送结束。TI 的状态可供软件查询，也可申请中断。CPU 响应中断后，在中断服务程序中向 SBUF 写入要发送的下一帧数据。TI 必须由软件清"0"。

⑦ RI——接收中断标志位。在方式 0 时，接收完第 8 位数据时，RI 由硬件置"1"。在其他工作方式中，串行接收到停止位时，该位置"1"。RI＝1，表示一帧数据接收完毕，并申请中断，要求 CPU 从接收 SBUF 取走数据。该位的状态也可供软件查询。RI 必须由软件清"0"。

SCON 的所有位都可进行位操作清"0"或置"1"。

(2) 波特率选择寄存器 PCON

特殊功能寄存器 PCON 字节地址为 87H，不能位寻址。格式如图 7-4 所示。

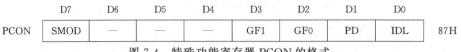

图 7-4　特殊功能寄存器 PCON 的格式

PCON 中只有最高位 SMOD 与串行口有关。

SMOD：波特率选择位，也叫波特率倍增位。在串行口方式 1、方式 2、方式 3 时，波特率与 SMOD 有关，当 SMOD＝1 时，波特率提高一倍。复位时，SMOD＝0。

2. 串行口的工作方式

串行口的 4 种工作方式由特殊功能寄存器 SCON 中 SM0、SM1 位定义。

(1) 方式 0

方式 0 为同步移位寄存器输入/输出方式。主要用于扩展并行输入/输出口。数据由 RXD（P3.0）引脚输入或输出，同步移位脉冲由 TXD（P3.1）引脚输出。发送和接收均为 8 位数据，低位在先，高位在后。波特率固定为 $f_{osc}/12$。帧格式如图 7-5 所示。

…	D0	D1	D2	D3	D4	D5	D6	D7	…

图 7-5　方式 0 的帧格式

① 方式 0 输出。AT89S51 串行口外接 8 位移位寄存器 74LS164 可扩展并行输出口。方式 0 扩展并行口电路如图 7-6（a）所示。1、2 引脚串行输入端，二者取"与"后输入，8 引脚为时钟脉冲输入端。

当 CPU 执行一条将数据写入发送缓冲器 SBUF 的指令时，产生一个正脉冲，串行口开始把 SBUF 中的 8 位数据以 $f_{osc}/12$ 的固定波特率从 RXD 引脚串行输出，低位在先，TXD 引脚输出同步移位脉冲，8 位数据发送完毕后，中断标志位 TI 自动置"1"。若要继续发送数据，必须用软件将 TI 清"0"。

② 方式 0 输入。AT89S51 串行口外接 8 位移位寄存器 74LS165 可扩展并行输入口。方式 0 扩展并行口电路如图 7-6（b）所示。9 引脚为串行输出端，2 引脚为时钟脉冲输入端。

向 SCON 寄存器写入控制字：采用方式 0，REN＝1，RI＝0，产生一个正脉冲，串行口开始接收数据。

引脚 RXD 为数据输入端，TXD 为移位脉冲信号输出端，接收器以 $f_{osc}/12$ 的固定波特率采样 RXD 引脚的数据信息，当接收完 8 位数据时，中断标志 RI 置 1，表示一帧数据接收完毕，可进行下一帧数据的接收。若要继续接收数据，必须用软件将 RI 清"0"。

(2) 方式 1

方式 1 为双机串行通信方式，如图 7-7 所示。当 SM0＝0、SM1＝1 时，串行口设为方式 1 双机串行通信，是 10 位数据的异步通信口。TXD 引脚用于发送数据引脚，RXD 引脚用于接收数据。

方式 1 一帧数据为 10 位，1 位起始位 0，8 位数据位和 1 位停止位 1，先发送或接收最低位。方式 1 为波特率可变的 8 位异步通信接口。波特率由下式确定：

$$\text{方式 1 的波特率} = \frac{2^{\text{SMOD}}}{32} \times \text{定时器 T1 的溢出率}$$

式中，SMOD 为 PCON 寄存器的最高位的值（0 或 1）。

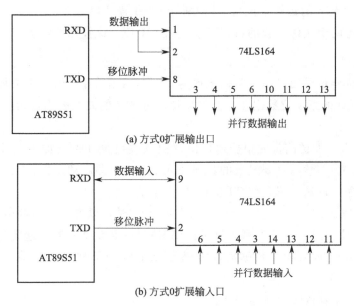

图 7-6　串行口工作方式 0 扩展并行输入/输出口

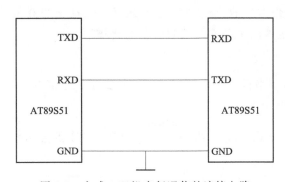

图 7-7　方式 1 双机串行通信的连接电路

① 方式 1 发送。方式 1 输出时，数据位由 TXD 端输出，当 CPU 执行一条数据写 SBUF 的指令，就启动发送。

发送时，内部发送控制信号变为有效，将起始位向 TXD 脚（P3.0）输出，此后每经过一个 TX 时钟周期便产生一个移位脉冲，并由 TXD 引脚输出一位。一帧数据全部发送完毕后，中断标志位 TI 置 1。TX 时钟的频率就是发送的波特率。

② 方式 1 接收。方式 1 接收时，REN＝1，数据从 RXD（P3.1）引脚输入。检测到起始位的负跳变则开始接收。

接收时，当采样到 RXD 端从 1 到 0 的负跳变时，就认定为已接收到起始位，随后在移位脉冲的控制下，将串行接收数据移入 SBUF 中。一帧数据接收完毕，将 SCON 中的 RI 置 1，表示可以从 SBUF 取走接收到的一个字符。

当一帧数据接收完毕后，同时满足以下两个条件，接收才有效：

① RI=0，即上一帧数据接收完成时，RI=1发出的中断请求已被响应，SBUF中的数据已被取走，说明SBUF已空；

② SM2=0或收到的停止位=1（方式1时，停止位已进入RB8），则将接收到的数据装入SBUF和RB8（装入的是停止位），且中断标志RI置"1"。

若不同时满足两个条件，收的数据不能装入SBUF，该帧数据将丢弃。

(3) 方式2

方式2为9位异步通信接口。每帧数据为11位，1位起始位0，8位数据位（先低位），1位可程控为1或0的第9位数据和1位停止位。方式2的波特率固定为晶振频率的1/64或1/32。

① 方式2发送。发送前，先根据通信协议由软件设置TB8（如奇偶校验位或多机通信的地址/数据标志位），然后将要发送的数据写入SBUF，即启动发送。TB8自动装入第9位数据位，逐一发送。发送完毕，使TI位置"1"。

② 方式2接收。SM0=1、SM1=0，且REN=1时，以方式2接收数据。数据由RXD端输入，接收11位信息。当位检测逻辑采样到RXD的负跳变，判断起始位有效，便开始接收一帧信息。在接收完第9位数据后，需满足以下两个条件，才能将接收到的数据送入SBUF（接收缓冲器）：

① RI=0，意味着接收缓冲器为空；

② SM2=0或接收到的第9位数据位RB8=1。

当满足上述两个条件时，收到的数据送SBUF（接收缓冲器），第9位数据送入RB8，且RI置"1"。若不满足这两个条件，接收的信息将被丢弃。

(4) 方式3

SM0、SM1=11时，串行口工作在方式3，为波特率可变的9位异步通信方式，除了波特率外，方式3和方式2相同。

$$\text{方式3波特率} = \frac{2^{\text{SMOD}}}{32} \times \text{定时器T1的溢出率}$$

(5) 波特率的计算

在串行通信中，收发双方对发送或接收数据的速率要有约定，其中要求收、发双方发送或接收的波特率必须一致。通过软件可对单片机串行口编程为四种工作方式，其中方式0和方式2的波特率是固定的，而方式1和方式3的波特率是可变的，由定时器T1的溢出率来决定。

串行口的四种工作方式对应三种波特率。

① 方式0的波特率固定为时钟频率f_{osc}的1/12，与PCON中的SMOD无关。即：

$$\text{方式0波特率} = \frac{f_{\text{osc}}}{12}$$

② 方式2的波特率取决于PCON中SMOD的值，当SMOD=0时，波特率为$f_{\text{osc}}/64$，当SMOD=1时，波特率为$f_{\text{osc}}/32$，即：

$$\text{方式2波特率} = \frac{2^{\text{SMOD}}}{64} \times f_{\text{osc}}$$

③ 方式 1 和方式 3，常用 T1 作为波特率发生器，其波特率由 T1 溢出率和 SMOD 的值共同决定，即：

$$方式1、方式3波特率 = \frac{2^{SMOD}}{32} \times 定时器 T1 的溢出率$$

当 T1 作为波特率发生器时，最典型的用法是设置 T1 工作在方式 2 定时器方式（自动装初值）。这时溢出率取决于 TH1 中的计数值。设定时器 T1 方式 2 的初值为 X，则有：

$$定时器 T1 的溢出率 = \frac{计数速率}{256-X} = \frac{f_{osc}/12}{256-X}$$

由此可得：

$$波特率 = \frac{2^{SMOD}}{32} \times \frac{f_{osc}}{12(256-X)}$$

实际应用中，经常根据已知波特率和时钟频率 f_{osc} 来计算 T1 的初值 X。为了方便使用，常用的波特率和定时器 T1 工作在定时方式 2 的初值 X 间的关系列成表 7-2，以供实际应用参考。

表 7-2 常用波特率与初值 X 参考表

常用波特率(bit/s)	晶振频率 f_{osc}(MHz)	SMOD	定时器 T1 初值 X
62500	12	1	FFH
19200	11.0592	1	FDH
9600	11.0592	0	FDH
4800	11.0592	0	FAH
2400	11.0592	0	F4H
1200	11.0592	0	E8H

串行口工作之前，要对其进行初始化，主要是设置定时器 1、串行口控制和中断控制。具体步骤如下：
- 确定 T1 的工作方式，编程设置 TMOD 寄存器；
- 计算 T1 的初值，装载 TH1、TL1；
- 启动 T1，编程设置 TCON 中的 TR1 位；
- 确定串行口控制，编程设置 SCON 寄存器。

串行口在中断方式工作时，要进行中断设置，编程设置 IE、IP 寄存器。

【例】若时钟频率为 11.0592MHz，选用 T1 的方式 2 定时作为波特率发生器，波特率为 2 400bit/s，求初值。

设 T1 为方式 2 定时，选 SMOD=0。

$$波特率 = \frac{2^{SMOD}}{32} \times \frac{f_{osc}}{12(256-X)} = 2400$$

从中解得 $X=244=$F4H。

只要把 F4H 装入 TH1 和 TL1，则 T1 产生的波特率为 2 400bit/s。该结果与表 7-2 中相同，也可直接查表获得。

3. 串行通信接口标准

由于单片机串行口的输入输出均为 TTL 电平，而这种以 TTL 电平传输数据的方式抗干扰性差,传输距离短。为了提高串行通信的可靠性,增大通信距离,在实际工业现场中一般采用 RS-232C、RS-422A、RS-485 等串行接口标准来进行串行通信。本书只讲解 RS-232C 接口标准。

RS-232C 总线是由美国电子工业协会 EIA(Electronic Industry Association)于 1969 年修订的一种通信接口标准,专门用于数据终端设备 DTE(Data Terminal Equipment)和数据通信设备 DCE(Data Communication Equipment)之间的串行通信。RS-232C 是异步串行通信中应用最广泛的标准总线。

目前 RS-232C 接口已成为计算机的标准配置,如串行口 COM1、COM2 均为 RS-232C 总线接口标准。

RS-232C 接口通向外部的连接器(插针插座)是一种 D 形 25 针插头,在微机通信中,通常使用的 RS-232C 接口信号只有 9 根引脚。

PC 机的 9 针 D 形 RS-232C 连接器如图 7-8 所示。

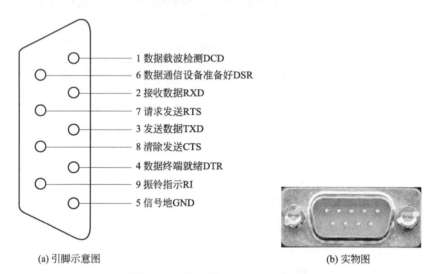

(a) 引脚示意图　　　　　　　　　(b) 实物图

图 7-8　9 针 D 形 RS-232C 连接器

由于 RS-232C 信号电平(EIA)与 AT89S51 单片机信号电平(TTL)不一致,因此,必须进行信号电平转换,MAX232 是 EIA 和 TTL 电平转换芯片。

MAX232 芯片是 MAXIM 公司生产的具有两路接收和驱动器的 IC 芯片,其内部有一个电源电压变换器,可以将输入 +5V 的电压变换成 RS-232C 输出电平所需的 ±12V 电压。采用这种芯片来实现接口电路特别方便,只需单一的 +5V 电源即可。

MAX232 芯片的引脚结构如图 7-9 所示。其中引脚 1~6(C1+、V+、C1-、C2+、C2-、V-)用于电源电压转换,只要在外部接入相应的电解电容即可;引脚 7~10 和引脚 11~14 构成两组 TTL 信号电平与 RS-232 信号电平的转换电路,对应管脚可直接与单片机串行口的 TTL 电平引脚和 PC 机的 RS-232 电平引脚相连。

用 MAX232 芯片实现 PC 与 AT89S51 单片机串行通信的典型电路如图 7-10 所示。

外接电解电容 C1、C2、C3、C4 用于电源电压变换,可提高抗干扰能力,它们可取相同容量的电容,一般取 $1.0\mu F/16V$。电容 C5 的作用是对 +5V 电源的噪声干扰进行滤波,一般取 $0.1\mu F$。选用两组中的任意一组电平转换电路实现串行通信,图中选 Tlin、Rlout 分

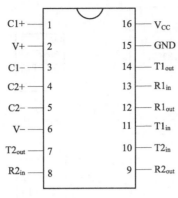

图 7-9　MAX232 引脚图

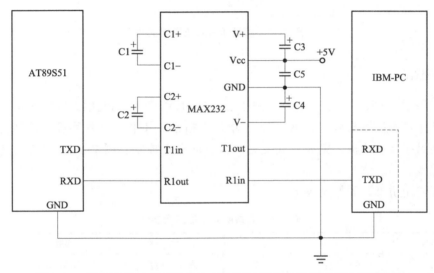

图 7-10　用 MAX232 实现 PC 与 AT89S51 单片机串行通信的典型电路

别与 AT89S51 的 TXD、RXD 相连，T1out、R1in 分别与 PC 机中的 R232 接口的 RXD、TXD 相连。这种发送与接收的对应关系不能接错，否则将不能正常工作。

【项目实施】

一、设计方案

根据设计要求及其功能分析，系统可分为 AT89S51 主控模块、电源电路、时钟电路、复位电路、MAX232 接口电路、RS-232C 连接器。其系统原理框图如图 7-11 所示。

各模块说明：

① 主控模块采用 ATMEL 公司生产的 AT89S51 单片机作为系统的控制器。

② RS-232C 连接器作为串行通信标准接口完成信号传送与接收。

③ MAX232 转换接口电路连接单片机和 RS-232C 芯片。

④ 显示电路采用 LED 发光二极管。

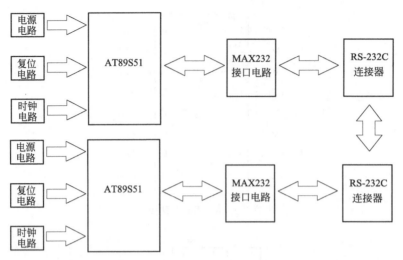

图 7-11 双机通信系统原理框图

二、硬件电路

系统采用 AT89S51 单片机作为控制核心,通过 MAX232 转换接口电路和 RS-232C 串行通信标准接口连接器与另一台 AT89S51 单片机相连,其中一台单片机将控制信号通过串行口发送到另一台单片机,完成对其发光二极管的亮灭控制。图 7-12 为双机通信硬件电路原理图。

电路所需用仿真元器件见表 7-3。

表 7-3 电路所需用仿真元器件

元器件名称	参数	数量	元器件名称	参数	数量
单片机	AT89S51	2	发光二极管	LED-RED	2
晶振	CRYSTAL	1	MAX232 转换器	MAX232	2
电容	CAP	8	RS-232C 连接器	CONN-D9F	1
电解电容	CAP-ELEC	6	RS-232C 连接器	CONN-D9M	1
电阻	RES	4	按键	BUTTON	2

三、Keil C51 源程序设计与调试

双机通信系统源程序包含主函数 main()、串口接收中断函数 Serial _ INT() interrupt 4 和向串口发送字符函数 void send(uchar c) 和延时函数 void delay(uint k)。

1. 创建项目

在 D 盘上建立一个文件夹 xm07,用来存放本项目所有的文件。启动"Keil uVision2 专业汉化版",进入 Keil C51 开发环境,新建名为"pro3"的项目,保存在 D 盘的文件夹 xm03 中。设置时钟频率为 11.0592MHz,设置输出为生成 Hex 文件。

2. 建立源程序文件

单击主界面菜单"文件"—"新建",在编辑窗口中输入以下的源程序。程序输入完成

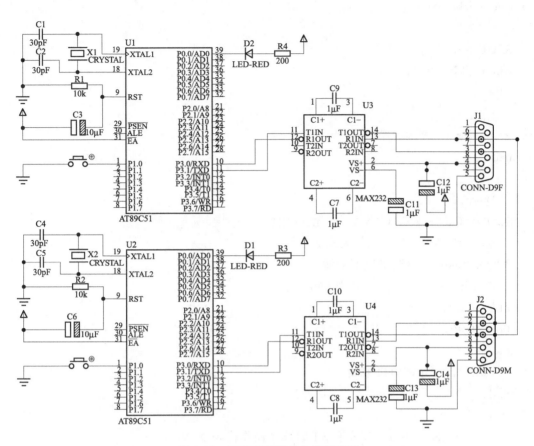

图 7-12 双机通信硬件电路原理图

后,选择"文件"—"另存为",将该文件以扩展名为 .C 格式(如 pro7.C)保存在刚才建立的文件夹(xm07)中。以下是双机通信系统源程序。

```
#include<reg51.h>
#define uchar unsigned char
#define uint unsigned int
sbit LED0=P0^0;
sbit K0=P1^0;
uchar OperationCount=0;    //操作代码


/****************延时程序****************/
void delay(uint k)              //定义延时子函数
  {
    uint i,j;                   //定义无符号变量
    for(i=0;i<k;i++)            //for循环延时
      for(j=0;j<125;j++);
  }
/****************向串口发送字符****************/
```

```c
void send (uchar c)
{
    SBUF=c;
    while (TI==0);
    TI=0;
}
/***************主程序***************/
void main ()
{
    LED0=1;
    SCON=0x50;  //串口模式1,允许接收
    TMOD=0x20;  //T1工作模式2
    PCON=0x00;  //波特率不倍增
    TH1=0xfd;          //波特率9600
    TL1=0xfd;
    TI=RI=0;
    TR1=1;
    IE=0x90;  //允许串口中断
    while (1)
    {
        if (K0==0)  //按下K1时选择操作代码0,1
         {
           delay (100);
        while (K0==0);
            OperationCount= (OperationCount+1)%2;

            switch (OperationCount)  //根据操作代码发送0或1
             {
                case 0: send ('0');
                        LED0=1;
                        break;
                case 1: send ('1');
                        LED0=0;
                        break;
            }
          }
       }
}
/*************** 串口接收中断函数 ***************/
```

```c
void Serial_INT () interrupt 4
{
if (RI)  //如收到则 LED 动作
        {
                RI=0;
                switch (SBUF) //根据所收到的不同命令字符完成不同动作
                 {
                        case '0': LED0=1; break;      //LED 灭
                        case '1': LED0=0;             //LED 亮
                 }
        }
}
```

3. 添加文件到当前项目组中

单击工程管理器中"Target 1"前的"＋"号，出现"Source Group1"后再单击，加亮后右击，在出现的快捷菜单中选择"Add Files to Group 'Source Group1'"，在增加文件对话框中选择刚才编辑的文件 pro7.C，单击"ADD"按钮，这时 pro7.C 文件便加入 Source Group1 这个组里了。

4．编译文件

单击主菜单栏中的"项目"—"重新构造所有对象文件"选项。如果编译出错重新修改源程序，直至编译通过为止，编译通过后将输出一个以 HEX 为后缀名的目标文件。

四、Proteus 仿真

用 Keil uVision2 和 Proteus 软件实现联合程序调试并仿真。

1. 新建设计文件

运行 Proteus 的 ISIS，进入仿真软件的主界面，执行"文件"—"新建设计"命令，弹出对话框，选择合适的模板（通常选择 DEFAULT）。单击主工具栏的保存文件按钮，在弹出的"Save ISIS Design File"对话框中，选择保存目录（D:\xm07），输入文件名称，例如 sj07，保存类型采用默认值（.DSN）。单击保存按钮，完成新建工作。

2. 绘制电路图

放置元器件、电源和地（终端），进行电路图连线电气规则检查。

3. 电路仿真

把在 Keil uVision2 中编译成的 .Hex 文件加载到 Proeus 的两台单片机中，按下仿真按钮，观察仿真结果，如图 7-13 所示。

按下其中一台单片机的开关，会看到两只 LED 都亮，再按下都灭，周而复始。其中一只 LED 是本机控制的，另一只 LED 是信号通过通信系统传到另一台单片机而控制其动作的。

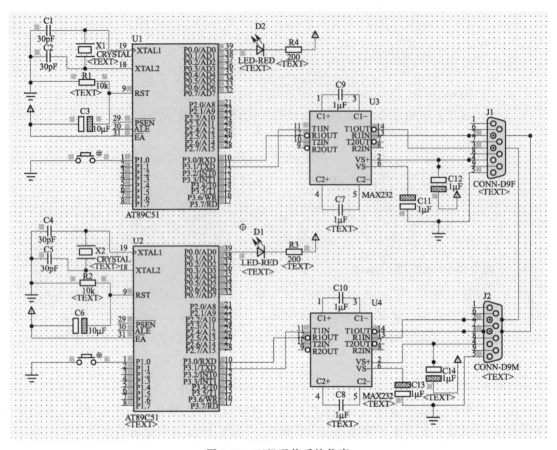

图 7-13 双机通信系统仿真

【拓展与提高】

一、串口类型

串口叫做串行接口，也称串行通信接口，按电气标准及协议来分包括 RS-232C、RS-422、RS485、USB 等。RS-232C、RS-422 与 RS-485 标准只对接口的电气特性做出规定，不涉及接插件、电缆或协议。

RS-232C 也称标准串口，是目前最常用的一种串行通信接口。它是在 1970 年由美国电子工业协会（EIA）联合贝尔系统、调制解调器厂家及计算机终端生产厂家共同制定的用于串行通信的标准。它的全名是"数据终端设备（DTE）和数据通信设备（DCE）之间 串行二进制数据交换接口技术标准"。传统的 RS-232C 接口标准有 25 根信号线，采用标准 25 芯 D 形插头座。后来的 PC 上使用简化了的 9 芯 D 形插座。现在应用中 25 芯插头座已很少采用。现在的台式电脑一般有两个串行口：COM1 和 COM2。

二、USB 接口

USB 是近几年发展起来的新型接口标准，主要应用于高速数据传输领域。USB 是英文 Universal Serial BUS 的缩写，中文含义是"通用串行总线"。

1. USB 发展历程

USB 是在 1994 年底由英特尔、康柏、IBM、Microsoft 等多家公司联合提出的。从 1994 年 11 月 11 日发表了 USB V0.7 版本以后，USB 版本经历了多年的发展，到现在已经发展为 3.0 版本，成为目前电脑中的标准扩展接口。目前主板中主要是采用 USB2.0 和 USB3.0，各 USB 版本间能很好兼容。USB 用一个 4 针插头作为标准插头，采用菊花链形式可以把所有的外设连接起来，最多可以连接 127 个外部设备，并且不会损失带宽。

第一代 USB 1.0 是 1996 年推出的，USB 1.0/1.1 的最大传输速率为 12Mbps。第二代 USB 2.0 的最大传输速率高达 480Mbps。USB 1.0/1.1 与 USB 2.0 的接口是相互兼容的。第三代 USB 3.0 最大传输速率 5Gbps，向下兼容 USB 1.0/1.1/2.0。

2. USB 操作使用

USB 需要主机硬件、操作系统和外设三个方面的支持才能工作。目前的主板一般都采用支持 USB 功能的控制芯片组，主板上也安装有 USB 接口插座，而且除了背板的插座之外，主板上还预留有 USB 插针，可以通过连线接到机箱前面作为前置 USB 接口以方便使用。而且 USB 接口还可以通过专门的 USB 连机线实现双机互连，并可以通过 Hub 扩展出更多的接口。

前置 USB 接口是位于机箱前面板上的 USB 扩展接口。目前，使用 USB 接口的各种外部设备越来越多，例如移动硬盘、闪存盘、数码相机等，但在使用这些设备（特别是经常使用的移动存储设备）时每次都要钻到机箱后面去使用主板板载 USB 接口显然是不方便的。前置 USB 接口在这方面就给用户提供了很好的易用性。目前，前置 USB 接口已经成为机箱的标准配置。

3. USB 特点

USB 传输速度快，USB1.1 是 12Mbps，USB2.0 是 480Mbps，USB3.0 是 5Gbps，使用方便，支持热插拔，连接灵活，可独立供电，可以连接鼠标、键盘、打印机、扫描仪、摄像头、闪存盘、MP3 机、手机、数码相机、移动硬盘、外置光软驱、USB 网卡、ADSL Modem、Cable Modem 等几乎所有的外部设备。

USB 是一个外部总线标准，用于规范电脑与外部设备的连接和通讯。USB 接口支持设备的即插即用和热插拔功能。USB 已成为当今个人电脑和大量智能设备的必配的接口之一。

【项目小结】

本项目主要讲解了利用单片机之间互相通信控制彩灯闪烁的相关内容。

通信是指计算机与外部设备或计算机与计算机之间的信息交换。在通信领域内，按每次传送的数据位数，通信方式可分为并行通信和串行通信。并行通信通常是将数据字节的各位用多条数据线同时进行传送。串行通信是指一条信息的各位数据逐位按顺序传送的通信方式。

按照串行数据的同步方式，串行通信可以分为同步通信和异步通信两类。同步通信是主机在进行通信前要先建立同步，即要使用相同的时钟频率，发送方的发送频率和接受方的接受频率要同步。异步通信是指通信的发送与接收设备使用各自的时钟控制数据的发送和接收过程。

在异步通信中有两个比较重要的指标是字符帧格式和波特率。

根据信息的传送方向，串行通信可以分为单工、半双工和全双工三种制式。

串行通信的目的不只是传送数据信息，更重要的是应确保准确无误地传送，因此必须考虑在通信过程中对数据差错进行校验，校验方法有奇偶校验、累加和校验以及循环冗余码校验等。其中奇偶校验是最容易实现并且应用广泛的校验方法。

AT89S51 单片机内部集成有一个可编程的全双工通用异步收发串行口。系统有两个物理上独立的接收、发送缓冲器，可以同时发送和接收数据。发送缓冲器只能写入不能读出，而接收缓冲器只能读出不能写入，两个缓冲器共用一个地址 99H。两个缓冲器统称为串行通信特殊功能寄存器 SBUF。AT89S51 的串行口设有两个控制寄存器：串行控制寄存器 SCON 和波特率选择寄存器 PCON。

SCON 是一个特殊功能寄存器，用以设定串行口的工作方式、接收/发送控制以及设置状态标志，字节地址 98H，可位寻址，位地址为 98H～9FH。

特殊功能寄存器 PCON 字节地址为 87H，不能位寻址。PCON 中只有最高位 SMOD 与串行口有关。SMOD 是波特率选择位，也叫波特率倍增位。

串行口的 4 种工作方式由特殊功能寄存器 SCON 中 SM0、SM1 位定义。

方式 0 为同步移位寄存器输入/输出方式，主要用于扩展并行输入/输出口。方式 1 为双机串行通信方式，是 10 位数据的异步通信口。方式 2 为 9 位异步通信接口。方式 3 为波特率可变的 9 位异步通信方式，除了波特率外，方式 3 和方式 2 相同。

在串行通信中，收发双方对发送或接收数据的速率要有约定，要求串行通信的收、发双方发送或接收的波特率必须一致。通过软件可将单片机串行口编程为四种工作方式，其中方式 0 和方式 2 的波特率是固定的，而方式 1 和方式 3 的波特率是可变的，由定时器 T1 的溢出率来决定。

RS-232C 总线是由美国电子工业协会 EIA 于 1969 年修订的一种通信接口标准，专门用于数据终端设备和数据通信设备 DCE 之间的串行通信。RS-232C 是异步串行通信中应用最广泛的标准总线。通常使用的 RS-232C 接口信号有 9 根引脚。

由于 RS-232C 信号电平（EIA）与 AT89S51 单片机信号电平（TTL）不一致，因此，必须进行信号电平转换，MAX232 是 EIA 和 TTL 电平转换芯片。

MAX232 芯片是 MAXIM 公司生产的具有两路接收和驱动器的 IC 芯片，其内部有一个电源电压变换器，可以将＋5V 的输入电压变换成 RS-232C 输出电平所需的±12V 电压。采用这种芯片来实现接口电路特别方便，只需单一的＋5V 电源即可。

【项目训练】

一、选择题

1. 设串行异步通信的数据格式是：1 个起始位，7 个数据位，1 个校验位，1 个停止位，若传输率为 1200，则每秒钟传输的最大字符数为____。

　　A. 10 个　　　　　B. 110 个　　　　　C. 120 个　　　　　D. 240 个

2. 在数据传输率相同的情况下，同步字符传输的速度要高于异步字符传输，其原因是____。

　　A. 字符间无间隔　　　　　　　　B. 双方通信同步

C. 发生错误的概率少　　　　　　D. 附加的辅助信息总量少

3. 异步串行通信中，收发双方必须保持____。
A. 收发时钟相同　　　　　　　　B. 停止位相同
C. 数据格式和波特率相同　　　　D. 以上都正确

4. 在数据传输率相同的情况下，同步传输率高于异步传输速率的原因是____。
A. 附加的冗余信息量少　　　　　B. 发生错误的概率小
C. 字符或组成传送，间隔少　　　D. 由于采用 CRC 循环码校验

5. 两台微机间进行串行双工通信时，最少可采用____根线。
A. 2　　　　　B. 3　　　　　C. 4　　　　　D. 5

6. 在异步串行通信中，使用波特率来表示数据的传送速率，它是指____。
A. 每秒钟传送的字符数　　　　　B. 每秒钟传送的字节数
C. 每秒钟传送的字数　　　　　　D. 每秒钟传送的二进制位数

7. 在异步通信方式中，通常采用____来校验错误。
A. 循环冗余校验码　　　　　　　B. 奇、偶校验码
C. 海明校验码　　　　　　　　　D. 多种校验方式的组合

8. 异步串行通信的主要特点是____。
A. 通信双方不需要同步　　　　　B. 传送的每个字符是独立发送的
C. 字符之间的间隔时间应相同　　D. 传送的数据中不含有控制信息

9. 串行通信中，若收发双方的动作由同一个时钟信号控制，则称为____串行通信。
A. 同步　　　　B. 异步　　　　C. 全双工　　　D. 半双工

10. 在数据传送过程中，数据由串行变为并行，或由并行变为串行，这种转换是通过接口电路中的____实现的。
A. 数据寄存器　　B. 移位寄存器　　C. 锁存器　　D. 状态寄存器

二、填空题

1. 传送 ASCII 码时，D7 位为校验位，若采用奇校验在传送字符 B 的 ASCII 码 42H 时，其编码为_____。

2. 串行传送数据的方式有_____和_____两种。

3. 串行通信中约定：一个起始位，一个停止位，偶校验，则数字"5"的串行码为_____，数字"9"的串行码为_____。

4. 串行口的有_____种工作方式。

5. 串行接口传送信息的特点是_____，而并行接口传送信息的特点是_____。

6. 在异步串行通信中，使用波特率来表示数据的传送速率，它是指_____。

7. 串行口的地工作方式由特殊功能寄存器_____中_____和_____位定义。

8. 根据信息的传送方向，串行通信可以分为_____、_____和_____三种制式。

9. 波特率是串口的传输速度，串口的传输速度一般用_____来表示。

10. AT89S51 的串行口设有两个控制寄存器：_____和_____。

11. 当 SCON 中的 SM0、SM1＝10 时，表示串口工作于方式_____，波特率为_____或_____。

12. AT89S51 单片机串行通信时，先发送_____位，后发送_____位。

13. 串行通信的接口标准有_____、_____和_____。

14. RS-232 的机械标准规定 RS-232C 接口通向外部的连接器（插针插座）是一种 D 形_____针插头，在微机通讯中，通常使用的 RS-232C 接口信号只有_____根引脚。

三、简答题

1. AT89S51 单片机串行口有几种工作方式？如何选择？简述其特点。

2. 串行口设有几个控制寄存器，它们的作用是什么？

四、设计题

1. 利用单片机串行口扩展 24 个发光二极管和 8 个按键，要求画出电路图并编写程序，使 24 个发光二极管按照不同的顺序发光（发光的时间间隔为 1s）。画出硬件电路编写程序实现仿真。

2. 单片机接线如图 7-14 所示，编一个自发自收程序，检查单片机的串行口是否完好，$f=12\text{MHz}$，波特率 $=600$，取 SMOD$=0$。

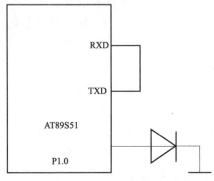

图 7-14　单片机接线图

项目八　数字电压表设计

【项目描述】

本项目要求用单片机设计数字电压表。数字电压表是对电子电路进行现场检测的常用仪表，采用单片机技术可轻松实现数字电压表的设计。利用单片机控制 A/D 转换器将一路模拟电压信号转换为数字信号，并由数码管输出显示。学习目标如下：

- 掌握 A/D、D/A 转换概念及主要技术指标含义。
- 掌握 D/A 转换器芯片及其与单片机的接口技术。
- 掌握 A/D 转换器芯片及其与单片机的接口技术。

【知识准备】

在单片机测控系统中，被测量的温度、压力、流量、速度等非电物理量，须经传感器先将模拟电信号转换成数字量后才能在单片机中用软件进行处理。模拟量转换成数字量的器件为 A/D 转换器 (ADC)。单片机处理完毕的数字量，有时需转换为模拟信号输出，数字量转换成模拟量的器件称为 D/A 转换器 (DAC)。它们在闭环实时控制系统的典型应用如图 8-1 所示。

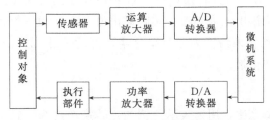

图 8-1　典型闭环实时控制系统框图

本项目主要介绍典型 ADC、DAC 集成电路芯片以及它们与单片机的硬件接口设计及软件设计。

一、D/A 转换器芯片及其接口技术

（一）常用 DAC 芯片与技术指标

数字量是由一位一位的数位组成的，每个数位都代表一定的权。D/A 转换时，把一个数

字量的每一位代码按权的大小转换为相应的模拟量分量,然后用线性叠加原理将各位代码对应的模拟输出量相加,其和就是与数字量成正比的模拟量。

在实现时,通常采用 T 型网络实现数字量到模拟电流的转换,再利用运算放大器来完成模拟电流到模拟电压的转换。所以,要把一个数字量转变为模拟电压,需要两个环节。有些 D/A 转换器芯片只包含前一个环节,有些包含两个环节。对于前一种,需外接运算放大器。

1. D/A 转换器类型

D/A 转换器的品种繁多,性能各异,按输入数字量的位数分 8 位、10 位、12 位和 16 位等;按输入的数码分二进制方式和 BCD 码方式;按传送数字量的方式分并行方式和串行方式;按输出形式分电流输出型和电压输出型,电压输出型又有单极性和双极性;按与单片机的接口分带输入锁存的和不带输入锁存。

2. 主要技术指标

DAC 性能指标是选用 DAC 芯片型号的依据,也是衡量芯片质量的重要参数。

(1) 分辨率

分辨率是指 D/A 转换器能分辨的最小输出模拟增量,取决于输入数字量的二进制为数。一个 n 位的 DAC 所能分辨的最小电压增量定义为满量程值的 2^{-n} 倍。

例如:满量程为 10V 的 8 位 DAC 分辨率为 $10V \times 2^{-8} = 39mV$;一个同样量程的 16 位 DAC 的分辨率高达 $10V \times 2^{-16} = 153\mu V$。

(2) 建立时间

建立时间描述 DAC 转换的快慢,表明转换速度,是指从输入数字量到输出达到终值误差 LSB/2 时所需的时间。快速 DAC 可达 $1\mu s$ 以下。

(3) 转换精度

转换精度和分辨率是两个不同的概念。转换精度是指满量程时 DAC 的实际模拟输出值和理论值的接近程度。

对 T 型电阻网络的 DAC,其转换精度和参考电压 V_{REF}、电阻值和电子开关的误差有关。例如:满量程时理论输出值为 10V,实际输出值是在 9.99~10.01V 之间,其转换精度为 10mV。通常,DAC 的转换精度为分辨率之半,即为 LSB/2。LSB 是分辨率,是指最低一位数字量变化引起的变化量。

(4) 相对误差

绝对误差与满量程值之比,用%表示,例如:转换精度为 ±10mV,若满量程输出值为 10V,则相对误差 10mv/10V = 0.1%。

(5) 偏移量误差

偏移量误差是指输入数字量为零时,输出模拟量对零的偏移值。这种误差通常可以通过 DAC 的外接 V_{REF} 和电位计加以调整。

(6) 线性度

线性度是指 DAC 的实际转换特性曲线和理想直线之间的最大偏差。通常,线性度不应超出 LSB/2。

3. 典型的 DAC 集成芯片

DAC 集成芯片种类繁多，功能和性能也不尽相同。仅美国模拟器件公司 AD 公司的 DAC 芯片就有几十个系列，几百种型号。其中有的为了满足实际应用的要求，在芯片中除集成了组成 DAC 的各部分基本电路外，还附加了一些特殊的功能电路，使之在某邻域的应用中或某几个指标上有更高的性能。

根据 DAC 芯片内部是否带锁存器可分为两大类。一类是不带锁存器的，如 DAC800、AD7520、AD7521 等，与单片机 P1、P2 直接连接，不需加锁存器。另一类是带锁存器的，如 DAC0832、DAC1230 等，可与单片机 P0 直接相连。

（二）AT89S51 与 DAC 芯片的接口设计

下面以常用的典型芯片 DAC0832 为例，介绍它与单片机的接口设计。

1. DAC0832 芯片介绍

(1) DAC0832 的特性

美国国家半导体公司的 DAC0832 芯片是具有两个输入数据寄存器的 8 位 DAC，它能直接与 AT89S51 单片机连接，主要特性如下。

① 分辨率为 8 位。

② 电流输出，建立时间为 $1\mu s$。

③ 可双缓冲输入、单缓冲输入或直接数字输入。

④ 单一电源供电（+5～+15V）。

⑤ 低功耗，20mW。

(2) DAC0832 的引脚及逻辑结构

DAC0832 的引脚如图 8-2 所示，逻辑结构如图 8-3 所示。

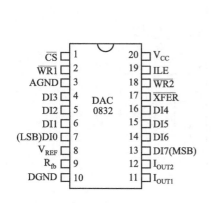

图 8-2　DAC0832 的引脚图

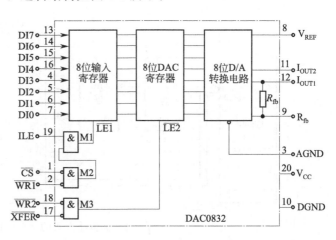

图 8-3　DAC0832 的逻辑结构图

① DI0～DI7：8 位数字信号输入端，与单片机的数据总线 P0 口相连，用于接收单片机送来的待转换为模拟量的数字量，DI7 为最高位。

② $\overline{CS}$：片选端，当 $\overline{CS}$ 为低电平时，本芯片被选中。

③ ILE：数据锁存允许控制端，高电平有效。

④ $\overline{WR1}$：第一级输入寄存器写选通控制，低电平有效。当 $\overline{CS}=0$，ILE=1，$\overline{WR1}=0$ 时，待转换的数据信号被锁存到第一级 8 位输入寄存器中。

⑤ $\overline{XFER}$：数据传送控制，低电平有效。

⑥ $\overline{WR2}$：DAC 寄存器写选通控制端，低电平有效。当 $\overline{XFER}=0$，$\overline{WR2}=0$ 时，输入寄存器中待转换的数据传入 8 位 DAC 寄存器中。

⑦ I_{OUT1}：D/A 转换器电流输出 1 端，输入数字量全为 "1" 时，I_{OUT1} 输出最大，输入数字量全为 "0" 时，I_{OUT1} 输出最小。

⑧ I_{OUT2}：D/A 转换器电流输出 2 端。

⑨ R_{fb}：外部反馈信号输入端。

⑩ V_{CC}：电源输入端，输入电压在 +5～+15V 范围内。

⑪ DGND：数字信号地。

⑫ AGND：模拟信号地，最好与基准电压共地。

"8 位输入寄存器"用于存放单片机送来的数字量，使输入数字量得到缓冲和锁存，由加以控制；"8 位 DAC 寄存器"用于存放待转换的数字量，由 LE2 控制；"8 位 D/A 转换电路"受"8 位 DAC 寄存器"输出的数字量控制，能输出和数字量成正比的模拟电流，因此，需外接电流——电压转换运算放大器电路，才能得到模拟输出电压。

2. AT89S51 单片机与 DAC0832 的接口电路设计

设计接口电路时，常用单缓冲方式或双缓冲方式的单极性输出。

(1) 单缓冲方式

指 DAC0832 内部的两个数据缓冲器有一个处于直通方式，另一个处于受 AT89S51 单片机控制的锁存方式。实际应用中，在只有一路模拟量输出，或虽是多路模拟量输出但并不要求多路输出同步的情况下，可采用单缓冲方式。单缓冲方式的接口电路如图 8-4 所示。

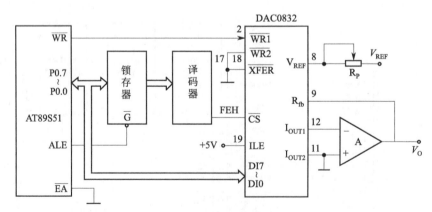

图 8-4 单缓冲方式的接口电路

图 8-4 中采用单极性模拟电压输出电路，由于 DAC0832 是 8 位的 D/A 转换器，由基尔霍夫定律，可解得输出电压 V_O 与输入数字量 B 的关系为

$$V_O = -\frac{V_{REF}}{256}B$$

$B = b_7 \cdot 2^7 + b_6 \cdot 2^6 + \cdots + b_1 \cdot 2^1 + b_0 \cdot 2^0$。显然，输出的电压 V_O 和输入的数字量 B 以及基准电压 V_{REF} 成正比，且 B 为 0 时，V_O 也为 0，输入数字量为 255 时，V_O 为最大的绝对值输出，且不会大于 V_{REF}。

在图 8-4 中，运算放大器 A 输出端直接反馈到 R_{fb}，故这种接线产生的模拟输出电压是单极性的。

输入给 D/A 转换器的数字量从 0 开始，逐次加 1，转换器输出的模拟量与输入的数字量成正比。当输入数字量为 FFH 时，再加 1 则溢出清"0"，模拟输出又为 0，然后再重复上述过程，如此循环，输出的波形就是锯齿波，如图 8-5（a）所示。实际上，每一个上升斜边要分成 256 个小台阶，改变延时，则可以改变锯齿波的频率。

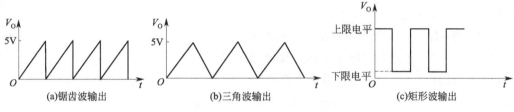

图 8-5　DAC0832 产生的波形图

产生锯齿波的参考程序如下：
```
#include <adsacc.h>
#define DAC0832 XBYTE[0x7fff]    //0832 端口地址
#define uchar unsigned char      //定义 uchar 代表单字节无符号数
#define uint unsigned int        //定义 uint 无符号字
void stair(void);
{uchar i;
  while(1)
  {for(i=0;i<255;i++);  //锯齿波输出值,最大为 255
   { DAC0832=i;         //DAC 转换输出
   }
  }
}
```

如图 8-5（b）所示，产生三角波的程序如下：
```
#include <adsacc.h>
#define DAC0832 XBYTE[0x7fff]    //0832 端口地址
#define uchar unsigned char      //定义 uchar 代表单字节无符号数
void triangle();
{   uchar i;
   while(1)
   {for(i=0;i<0xff;i++)
    {DAC0832=i;}        //三角波的上升边
    for(i=0xff;i>0;i--);
```

```
    { DAC0832=i;}            //三角波的下降边
    }
}
```

如图 8-5（c）所示，产生矩形波的程序如下：

```
#include <adsacc.h>
#define DAC0832 XBYTE[0x7fff]    //0832 数据端口地址
#define uchar unsigned char      //定义 uchar 代表单字节无符号数
void delay();
void rectangular();
{uchar i;
while(1)
{DAC0832=0xaf;       //产生矩形波的上限电平
delay();             //矩形波上限电平的持续时间
DAC0832=0x10;        //产生矩形波的下限电平
delay();             //矩形波下限电平的持续时间
}
}
void delay()
{uchar i;
for(i=0;i<0xff;i++)
{;;}
}
```

程序中上、下限电平的改变，可向 DAC0832 送不同的数字量来实现。矩形波高、低电平的持续时间由 delay() 的延时程序决定。也可使用两个延时时间不同的延时程序，来分别决定矩形波高、低电平的持续时间，频率可采用控制延时的方法来改变。

（2）双缓冲方式

多路的 D/A 转换要求同步输出时，必须采用双缓冲同步方式。采用此方式工作时，数字量的输入锁存和 D/A 转换输出是分两步完成的。单片机必须通过 $\overline{LE1}$ 来锁存待转换的数字量，通过 $\overline{LE2}$ 来启动 D/A 转换。因此，双缓冲方式下，DAC0832 应该为单片机提供两个 I/O 端口。AT89S51 单片机和 DAC0832 在双缓冲方式下的连接如图 8-6 所示。

由图 8-6 可见，1#DAC0832 因 $\overline{CS}$ 和译码器 FDH 相连而占有 FDH 和 FFH 两个 I/O 端口地址（由译码器的连接逻辑来决定），而 2#DAC0832 的两个端口地址为 FEH 和 FFH。其中，FDH 和 FEH 分别为 1# 和 2# DAC0832 的数字量输入控制端口地址，而 FFH 为 D/A 转换的端口地址。

若用图 8-6 中 DAC 输出的模拟电压 V_X 和 V_Y 来控制 X-Y 绘图仪，则应把 V_X 和 V_Y 分别加到 X-Y 绘图仪的 X 通道和 Y 通道，而 X-Y 绘图仪由 X、Y 两个方向的步进电机驱动，其中一个电机控制绘笔沿 X 方向运动；另一个电机控制绘笔沿 Y 方向运动。

因此对 X-Y 绘图仪的控制有一基本要求，就是两路模拟信号要同步输出，使绘制的曲线光滑。如果不同步输出，例如先输出 X 通道的模拟电压，再输出 Y 通道的模拟电压，则绘图笔先向 X 方向移动，再向 Y 方向移动，此时绘制的曲线就是阶梯状的。通过本例，也就不难理解 DAC 设置双缓冲方式的目的所在。

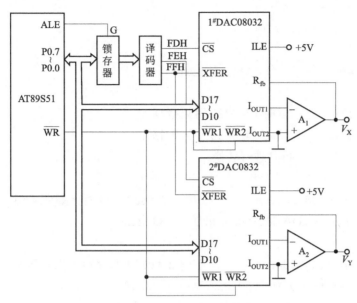

图 8-6 AT89S51 单片机和 DAC0832 在双缓冲方式下的连接

编写 DAC0832 双缓冲方式的两路模拟量同步输出的程序，接口电路见图 8-6，程序如下：

```c
#include<reg51.h>
#include<stdio.h>
#define DAC083201Addr 0xdfff        //1#0832 的数据寄存器地址
#define DAC083202Addr 0xbfff        //2#0832 的数据寄存器地址
#define DAC0832Addr 0x7fff          //两片 0832 同时转换的端口地址
#define uchar unsigned char         // uchar 代表单个字节无符号数
#define uint unsigned int
sbit P25=0xa5;          //定义 P2.5 位
sbit P26=0xa6;          //定义 P2.6 位
sbit P27=0xa7;          //定义 P2.7 位
void writechip1(uchar c0832data);
void writechip2(uchar c0832data);
void transdata(uchar c0832data);    //转换数据
void Delay();                       //延时子程序
main()
    {
    xdata cdigitl1=0    //1#0832 待转换的数字量
    xdata cdigitl2=0    //2#0832 待转换的数字量
    P0=0xff;            //端口初始化
```

```
        P1=0xff;;
        P2=0xff;;
        P3=0xff;;
        Delay();              //延时
        while(1)
        { cdigitl1=0x80;      //1#0832 的地址
cdigitl2=0xff;
writechip1(cdigitl1);         //向 1#0832 写入数据
writechip2(cdigitl2);         //向 2#0832 写入数据
transdata (0x00);             //同时进行转换
while(1)
void writechip1(uchar c0832data)     //向 1#0832 芯片写入数据函数
    { *((uchar xdata *)DAC083201Addr)=c0832data;
    }
void writechip2(uchar c0832data           //向 2#0832 芯片写入数据函数
    { *((uchar xdata *)DAC083202Addr)=c0832data;
    }
void TransformData(uchar c0832da         //两片 0832 芯片同时进行转换的函数
    { *((uchar xdata *)DAC0832Addr)=c0832data;
    void Delay()              //延时程序
{   uint i;
    for(i=0;i<200;i++);
}
```

程序说明：

① 在调用函数 writechip1 时只是向 1# AC0832 芯片写入数据，不会写到 2# DAC0832 中，因为 2# DAC0832 没有被选通，对于函数 writechip2 也是同样道理。

② 在调用函数 TransformData（）时，函数参数可以为任意值，因为将被转换的数字量已经被锁存到 DAC 寄存器中。调用函数 TransformData（）只是发出启动第二级转换的控制信号，数据线上的数据不会被锁存。

③ 程序的 3～5 行对 DAC0832 的 3 个端口使用了 3 个宏定义。例如，将 DAC0832Addr 的端口地址 0x7fff 宏定义为 DAC0832Addr（第 5 行），是为了定义明确，方便使用和修改。使用该地址向 DAC0832 写入时要先进行类型转换。用（uchar xdata *）把 DAC0832Addr 转换为指向 0x7fff 地址的指针型数据，再使用指针进行间接寻址。这种使用方法是较为经典和精简的代码风格。

由于宏替换，(uchar xdata *) DAC0832Addr 相当于 (uchar xdata *) 0x0x7fff，即将 0x7fff 强制转换为指向外部数据空间的 unsigned char 类型的指针，指针内容 0x7fff，即指向了 DAC0832 的数据转换端口（即两片 DAC0832 的 8 位 DAC 寄存器）

对于 *((uchar xdata *) DAC0832Addr)，它相当于 *p，p 是指向外部数据空间 0x7fff 的 unsigned char 类型指针。

*((uchar xdata *)DAC0832Addr)=c0832data 意义为：将 c0832data 的值写入 DAC0832 的数据转换端口。

因此，以下两个代码段在功能上是等价的。

代码段 1：
♯define DAC0832Addr 0x7fff
♯define uchar unsigned char
*((uchar xdata *)DAC0832Addr)=c0832data;

代码段 2：
unsigned char * p;
p=0x7fff;
* p=c0832data;

代码段 1 的意义明确，可读性和可移植性更强，并且节省了数据存储空间，因为它无需使用指针变量，而宏是不占用数据存储空间的，它只占用程序存储空间。

3. DAC0832 的双极性的电压输出

有些场合要求 DAC0832 双极性模拟电压输出，下面介绍如何实现。

在双极性电压输出的场合下，可以按照图 8-7 所示接法接线，DAC0832 的数字量由单片机送来，A_1 和 A_2 均为运算放大器，V_O 通过 R_2 电阻反馈到运算放大器 A_2 输入端，G 点为虚拟地。由基尔霍夫定律列出方程组，可解得：

$$V_O = (B-128) \cdot \frac{V_{REF}}{128}$$

当单片机输出给 DAC0832 的数字量 $B \geq 128$ 时，数字量最高位 b_7 为 1，输出的模拟电压 V_O 为正；当单片机输出给 DAC0832 的数字量 $B < 128$ 时，数字量最高位为 0，则 V_O 的输出电压为负。

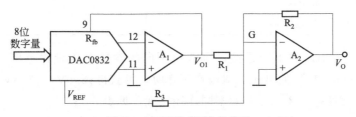

图 8-7 双极性 DAC 的接法

4. AT89S51 与 12 位 D/A 转换器 AD667 的接口设计

8 位分辨率不够时，可以采用高于 8 位分辨率的 DAC，例如 10 位、12 位、14 位、16 位（例如 AD669）的 DAC。AD667 是一种分辨率为 12 位的并行输入、电压输出型 D/A 转换器，建立时间≤3μs，输入方式为双缓冲输入，输出方式为电压输出，通过硬件编程可输出±5V、±10V、±2.5V、±5V 和±10V，内含高稳定的基准电压源，可方便地与 4 位、8 位或 16 位微处理器连接，双电源工作电压为±12～±15V。

(1) 引脚介绍

AD667 为 28 脚双列直插式封装，如图 8-8 所示，表 8-1 为其引脚说明。

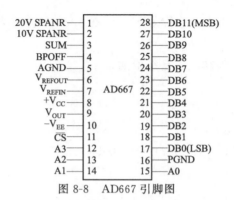

图 8-8 AD667 引脚图

表 8-1 AD667 引脚说明

引脚	符号	说明
1	20V SPANR	片内 10kΩ 反馈电阻引脚
2	10V SPANR	片内 10kΩ 反馈电阻中心抽头引脚
3	SUM	运放求和点,即运放反相输入点
4	BPOFF	双极性偏置端,用于双极性补偿
5	AGND	模拟地
6	V_{REFOUT}	内置基准电压源输出端
7	V_{REFIN}	外部基准电压源输入端
8	$+V_{CC}$	正电源电压输入端
9	V_{OUT}	模拟电压输出端,其输出范围可通过硬件编程调节,并可实现单极性或双极性输出
10	$-V_{EE}$	负电源电压输入端
11	$\overline{CS}$	片选信号输入,D/A 锁存器启用端(低电平有效),只有当 $\overline{CS}$ 有效时,才能启用两个锁存器
12～15	A3～A0	内部锁存器选择线
16	PGND	电源地
17～28	DB0～DB11	12 位数字量输入线

  AD667 通过片外引脚的不同连接,可获得不同的输出电压量程范围。单极性工作时,可以获得 0～5V 和 0～10V 的电压。双极性工作时,可获得±2.5V、±5.5V 和±10V 的电压。具体量程配置可由引脚 1、2、3、9 的不同连接实现,见表 8-2。

  由于 AD667 内置的量程电阻与其他元器件具有热跟踪性能,所以 AD667 的增益和偏置漂移非常小。

表 8-2 各种模拟电压输出范围的连接

输出范围	数字输入代码	电路连接
±10V	偏移二进制码	脚9与脚1相连,脚2未用,脚4通过50Ω固定电阻或100Ω电位器与脚6相连
±5V	偏移二进制码	脚9与脚1和脚2相连,脚4通过50Ω固定电阻或100Ω电位器与脚6相连
±2.5V	偏移二进制码	脚9与脚2相连,脚1与脚3和脚2相连,脚4通过50Ω固定电阻或100Ω电位器与脚6相连
0～10V	直接二进制码	脚9与脚1和脚2相连,脚4与脚5相连或外接调整电路
0～5V	直接二进制码	脚9与脚2相连,脚1与脚3相连,脚4与脚5相连或外接调整电路

(2) 数字输入控制与数据代码

AD667 的总线接口逻辑由 4 个独立的可寻址锁存器组成，其中有 3 个 4 位的输入数据锁存器（第一级锁存器）和 1 个 12 位的 DAC 锁存器（第二级锁存器）。利用 3 个 4 位锁存器可以直接从 4 位、8 位或 16 位微处理器总线分次或一次加载 12 位数字量；一旦数字量被装入 12 位的输入数据锁存器，就可以把 12 位数据传入第二级的 DAC 锁存器，这种双缓冲结构可以避免产生错误的模拟输出。

4 个锁存器由 4 个地址输入线 A0～A3 和 $\overline{CS}$ 控制，所有的控制都是低电平有效，对应真值表见表 8-3。

表 8-3　AD667 真值表

$\overline{CS}$	A3	A2	A1	A0	操作说明
1	×	×	×	×	不起作用
×	1	1	1	1	不起作用
0	1	1	1	0	选通低 4 位输入数据锁存器
0	1	1	0	1	选通中 4 位输入数据锁存器
0	1	0	1	1	选通高 4 位输入数据锁存器
0	0	1	1	1	把输入数据锁存器中的 12 位数据送入 DAC 锁存器
0	0	0	0	0	所有锁存器直通

所有锁存器都是电平触发，也就是说，当对应的控制信号都有效时，锁存器输出跟踪输入数据；当任何一个控制信号无效时，数据就被锁存。它允许一个以上的锁存器被同时锁存。

建议任何未使用的数据和控制引脚最好与电源地相连，以改善抗噪声干扰特性。

AD667 使用正逻辑的二进制输入编码，大于 2.0V 的输入电压表示逻辑"1"，而小于 0.8V 的输入电压表示逻辑"0"。

单极性输出时，输入编码采用直接二进制编码，全"0"数据输入 000H 产生零模拟输出；全"1"数据输入 FFFH 产生比满量程少 1LSB 的模拟输出。

双极性输出时，输入编码采用偏移二进制编码，数据输入为 000H 时，产生负的满量程输出；数据输入为 FFFH 时，产生比满量程少 1LSB 的模拟输出；数据输入为 800H 时，模拟输出为 0。其中 1LSB 为最低位对应的模拟电压。输入数字量 N 与输出模拟电压 V_{OUT} 的关系为：

$$V_{OUT} = \left(\frac{N}{2^{11}} - 1\right) V_R$$

式中，V_R 为输出电压量程。

(3) AD667 与 AT89S51 单片机的接口

图 8-9 所示为 AT89S51 单片机与 AD667 的接口电路。

单片机把 AD667 所占的 3 个端口地址视为外部数据存储器的 3 个单元，对其进行选通，完成对 AD667 数据传送锁存及转换的功能。

二、A/D 转换器芯片及其接口技术

在计算机应用系统中，对一些模拟信号（如电流、电流、温度、压力等）进行检测，并

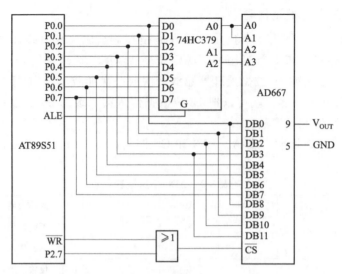

图 8-9　AT89S51 单片机与 AD667 的接口电路

将模拟信号转换为数字信号，称为 A/D 转换。将模拟量电压信号转换成数字量信息的器件叫作 A/D 转换器，简称为 ADC。ADC 在工业控制、智能仪器仪表中广为应用。

随着超大规模集成电路技术的飞速发展，A/D 转换器的新设计思想和制造技术层出不穷。为满足各种不同的检测及控制任务的需要，大量结构不同、性能各异的 A/D 转换芯片应运而生。

（一）A/D 转换器的分类

根据转换原理不同，可将 A/D 转换器分成直接 A/D 转换器和间接 A/D 转换器，分类如下：

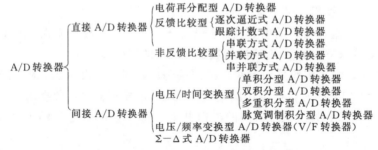

目前使用较广泛的有逐次逼近式转换器、双积分式转换器、Σ－Δ 式转换器和 V/F 转换器。

逐次逼近型转换器的精度、速度和价格都适中，是最常用的 A/D 转换器件。双积分型转换器的精度高，抗干扰性好，价格低廉，但转换速度慢，得到广泛应用。Σ－Δ 式转换器具有积分式与逐次比较式 ADC 的双重优点，对工业现场的串模干扰具有较强的抑制能力，不亚于双积分 ADC，并且比双积分 ADC 的转换速度快，与逐次比较式 ADC 相比，有较高的信噪比，分辨率高，线性度好，不需采样保持电路。V/F 转换型转换器的转换速度要求不太高，适合远距离信号传输。

A/D 转换器按照输出数字量的有效位数分为 4 位、8 位、10 位、12 位、14 位、16 位并行输出以及 BCD 码 3 位半、4 位半、5 位半输出等多种。

目前，除并行输出 A/D 转换器外，随着单片机串行扩展方式的日益增多，带有同步 SPI 串行接口的 A/D 转换器的使用也逐渐增多。串行输出的 A/D 转换器具有占用端口线少、使用方便、接口简单等优点。较为典型的串行 A/D 转换器为美国 TI 公司的 TLC549（8 位）、TLC1549（10 位）以及 TLC1543（10 位）和 TLC2543（12 位）。

A/D 转换器按照转换速度可大致分为超高速（转换时间≤1ns）、高速（转换时间≤1μs）、中速（转换时间≤1ms）、低速（转换时间≤1s）等几种。为适应系统集成的需要，有些转换器还将多路转换开关、时钟电路、基准电压源、二-十进制译码器和转换电路集成在一个芯片内，为用户提供很多方便。

（二）A/D 转换器的主要技术指标

1. 转换时间和转换速率

A/D 转换器完成一次转换所需要的时间称为转换时间。转换时间的倒数为转换速率。

2. 分辨率

在 A/D 转换器中，分辨率是衡量 A/D 转换器能够分辨出输入模拟量最小变化程度的技术指标。分辨率取决于 A/D 转换器的位数，所以习惯上用输出的二进制位数或 BCD 码位数表示。例如，A/D 转换器 AD1674 的满量程输入电压为 5V，可输出 12 位二进制数，即用 2^{12} 个数进行量化，其分辨率为 1LSB，也即 $5V/2^{12}=1.22mV$，称其分辨率为 12 位或 A/D 转换器能分辨出输入电压 1.22mV 的变化。

又如，双积分型输出 BCD 码的 A/D 转换器 MC14433，其满量程输入电压为 2V，其输出最大的十进制数为 1999，分辨率为三位半（BCD 码），如果换算成二进制位数表示，其分辨率约为 11 位，因为 1999 最接近于 $2^{11}=2048$。

3. 量化误差

由于模拟信号在时间、数值大小都是连续的，不一定被最小量化单位整除，所以在量化过程中就可能引入量化误差，量化过程引起的误差称为量化误差，它是由于有限位数字量对模拟量进行量化而引起的误差，理论上规定为一个单位分辨率的 $-1/2LSB \sim +1/2LSB$。提高 A/D 位数既可以提高分辨率，又能够减少量化误差。

4. 偏移误差

偏移误差是指输入信号为零时，输出信号不为零的值，所以有时又称为零值误差。假定 ADC 没有非线性误差，则其转换特性曲线各阶梯中点的连线必定是直线，这条直线与横轴相交点所对应的输入电压值就是偏移误差。

5. 满刻度误差

满刻度误差又称为增益误差。ADC 的满刻度误差是指满刻度输出数码所对应的实际输入电压与理想输入电压之差。

6. 线性度

线性度有时又称为非线性度，它是指 A/D 转换器实际的转换特性与理想直线的最大偏差。

7. 转换精度

A/D 转换器的转换精度定义为一个实际 A/D 转换器与一个理想 A/D 转换器在量化值

上的差值，可用绝对误差或相对误差表示。

（三）A/D 转换器的选择

A/D 转换器按输出代码的有效位数分 8 位、10 位、12 位等，按转换速度分为超高速（速度≤1ns）、高速（速度≤1μs）、中速（速度≤1ms）、低速（速度≤1s）等。

1. A/D 转换器位数的确定

系统总精度涉及的因素较多，包括传感器变换精度、信号预处理电路精度、A/D 转换器和输出电路及控制机构精度，还包括软件控制算法。A/D 转换器的位数至少要比系统总精度要求的最低分辨率高 1 位，位数应与其他环节所能达到的精度相适应，只要不低于它们就行，太高无意义，且价格高。8 位以下属于低分辨率，9～12 位属于中分辨率，13 位以上属于高分辨率。

2. A/D 转换器转换速率的确定

从启动转换到转换结束，输出稳定的数字量需要一定的时间。

低速 A/D 转换器转换时间从几毫秒到几十毫秒；中速逐次比较型 A/D 转换器的转换时间可从几 μs～100μs 左右；高速 A/D 转换器转换时间仅 20～100ns，适用于雷达、数字通信、实时光谱分析、实时瞬态纪录、视频数字转换系统等。

3. 是否加采样保持器

直流和变化非常缓慢的信号可不用采样保持器，其他情况都要加采样保持器。

根据分辨率、转换时间、信号带宽关系决定是否要加采样保持器。如果是 8 位 ADC，转换时间 100ms，无采样保持器，信号的允许频率是 0.12Hz，如果是 12 位 ADC，该频率为 0.0077Hz。如果转换时间是 100μs，ADC 是 8 位时，该频率为 12Hz，12 位时是 0.77Hz。

4. 工作电压和基准电压

选择使用单一+5V 工作电压的芯片，与单片机系统共用一个电源就比较方便。基准电压源提供给 A/D 转换器在转换时所需要的参考电压，在要求较高精度时，基准电压要单独用高精度稳压电源供给。

（四）MCS-51 与 ADC 0809（逐次比较型）的接口

ADC0809 是一种 8 位逐次比较型 A/D 转换器，可以和微机直接连接。ADC0809 的姐妹芯片是 ADC0808，可以相互代换。

1. ADC0809 引脚及功能

ADC0809 引脚如图 8-10 所示，共 28 脚，双列直插式封装。主要引脚功能如下。

① IN_0～IN_7：8 路模拟输入，通过 3 根地址译码线 ADD_A、ADD_B、ADD_C 来选通一路。

② D_7～D_0：A/D 转换后的数据输出端，为三态可控输出，故可直接和微处理器数据线连接。8 位排列顺序是 D7 为最高位，D0 为最低位。

③ ADD_A、ADD_B、ADD_C：模拟通道选择地址信号，ADD_A 为低位，ADD_C 为高位。ABC=000～111 分别对应 IN0～IN7 通道。

④ $V_R(+)$、$V_R(-)$：正、负参考电压输入端，用于提供片内 DAC 电阻网络的基准电

压。在单极性输入时，$V_R(+)=5V$，$V_R(-)=0V$；双极性输入时，$V_R(+)$、$V_R(-)$分别接正、负极性的参考电压。

⑤ ALE：地址锁存允许信号，高电平有效。当此信号有效时，A、B、C 三位地址信号被锁存，译码选通对应模拟通道。在使用时，该信号常和 START 信号连在一起，以便同时锁存通道地址和启动 A/D 转换。

⑥ START：A/D 转换启动信号，正脉冲有效。加于该端的脉冲的上升沿使逐次逼近寄存器清零，下降沿开始 A/D 转换。如正在进行转换时又接到新的启动脉冲，则原来的转换进程被中止，重新从头开始转换。

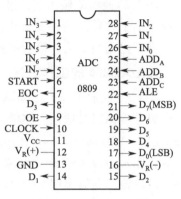

图 8-10 ADC0809 引脚

⑦ EOC：转换结束信号，高电平有效。该信号在 A/D 转换过程中为低电平，其余时间为高电平。该信号可作为被 CPU 查询的状态信号，也可作为对 CPU 的中断请求信号。在需要对某个模拟量不断采样、转换的情况下，EOC 也可作为启动信号反馈到 START 端，但在刚加电时需由外电路启动。

⑧ OE：输出允许信号，高电平有效。当微处理器送出该信号时，ADC0809 的输出三态门被打开，使转换结果通过数据总线被读走。在中断工作方式下，该信号往往是 CPU 发出的中断请求响应信号。

2. ADC0809 结构及转换原理

ADC0809 由八路通道选择开关、地址锁存与译码器、比较器、树型开关、逐次逼近寄存器 SAR、控制电路和三态输出锁存器等组成。内部结构如图 8-11 所示。

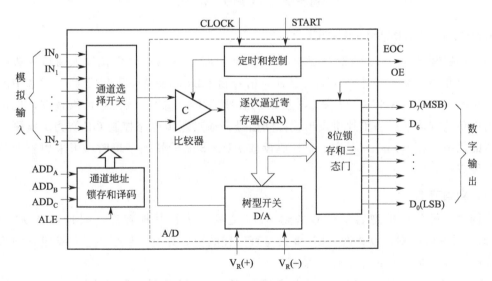

图 8-11 ADC0809 内部结构图

ADC0809 采用逐次比较法完成 A/D 转换，用单一的 +5V 电源供电，片内带有锁存功能的 8 选 1 模拟开关，由 C、B、A 的编码来决定所选的通道，完成一次转换需 100μs 左右（转换时间与 CLK 脚的时钟频率有关），具有输出 TTL 三态锁存缓冲器，可直接连到单片机数据总线上。通过适当的外接电路，DC0809 可对 0~5V 的模拟信号进行转换。

D/A 转换器的输出从二进制数据的最高位起，依次逐位置 1，与待转换的模拟量比较，若前者小于后者，该位置 1 并保留下来，若前者大于后者，该位清 0；然后再照此比较下一位，直至比完最低位。最后得到的结果即 A/D 转换的值。

3. ADC0809 的工作时序

ADC0809 的工作时序如图 8-12 所示。由 A、B、C 输入三位通道选择位，在 ALE 上升沿经锁存和译码器选通一路模拟量，在 START 上升沿将逐次逼近寄存器复位，START 下降沿启动 A/D 转换，约经 10μs 后，EOC 输出信号变低，指示转换正在进行。当 A/D 转换完成，EOC 变为高电平，结果数据已存入锁存器。当 OE 输入高电平时，输出三态门打开，转换结果输出到输出端 D0~D7。

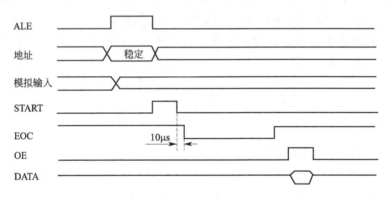

图 8-12　ADC0809 工作时序

4. MCS-51 与 ADC0809 的接口

单片机控制 ADC0809 转换过程中，先选择 ADC0809 的一个模拟输入通道，然后使单片机的 $\overline{WR}$ 信号有效，产生一个启动脉冲，信号给 ADC0809 的 START 脚，对选中通道转换。当转换结束后，ADC 0809 发出转换结束信号 EOC（高），该信号可供查询，也可反相后作为中断请求信号；当单片机发出读控制信号，通过逻辑电路控制 OE 端为高电平，把转换完毕的数字量存入到存储器中。单片机读取 ADC0809 的转换结果时，可采用查询和中断控制两种方式。

（1）查询方式

查询方式是单片机把启动信号送到 ADC 之后，执行其他程序，同时对 ADC0809 的 EOC 脚不断进行检测，以查询 ADC 变换是否已经结束，如查询到变换已经结束，则读入转换完毕的数据。接口电路如图 8-13 所示。

ALE 脚的输出频率为 1MHz，时钟频率为 6MHz，经 D 触发器二分频为 500kHz 时钟信号。ADC 0809 输出三态锁存，8 位数据输出引脚可直接与数据总线相连。引脚 C、B、A 分别与地址总线 A2、A1、A0 相连，选通 IN0~IN7 中的一个。P2.7（A15）作为片选信号，在启动 A/D 转换时，由 $\overline{WR}$ 和 P2.7 控制 ADC 的地址锁存和转换启动，由于 ALE 和 START 连在一起，因此 ADC0809 在锁存通道读取转换结果，用 $\overline{RD}$ 信号和 P2.7 脚信号经

"或非"运算后产生的正脉冲作为 OE 信号,用以打开三态输出锁存器地址的同时启动并进行转换。查询 EOC 信号有效后,允许输出,读出转换结果并保存。

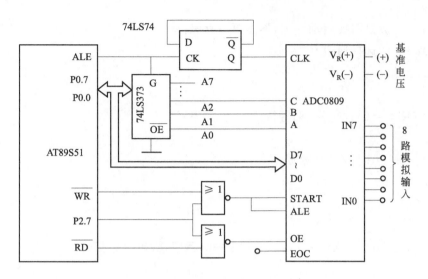

图 8-13 查询方式接口电路

程序如下:

```
#include<reg51.h>
unsigned char dispbuf[4];
sbit ST=P3^0;
sbit OE=P3^1;
sbit EOC= P3^2;
sbit CLK= P3^3;
sbit P34=P3^4;
sbit P35=P3^5;
sbit P36=P3^6;
void TimeInitial()
{
TMOD=0x10;
TH1=(65536-200)/256;
TL1=(65536-200)%256;
EA=1;
ET1=1;
TR1=1;
 }
void main()
while(1)
{
Timeinitial();
```

```
        ST=0;          //启动转换
        OE=0;
        ST=1;
        ST=0;          //只需要启动一下,不需要一直保持
        P34=0;         //选择通道0
        P35=0;
        P36=0;
        while(EOC==0);  //查询等待
        OE=1;
        dispbuf[0]=P0;  //读数据
        OE=0;
        }
    }
    void t1(void) Interrupt3 using0    //T1中断程序,输出时钟信号
    {
     TH1=(65536-200)/256;
     TL1=(65536-200)%256;
     CLK=~CLK;
    }
```

(2) 中断方式

将图 8-13 中 EOC 脚经一"非"门连接到 AT89S51 的 $\overline{INT1}$ 脚即可实现中断方式。转换结束时,EOC 发出一个脉冲,向单片机提出中断申请,单片机响应中断请求,在中断服务程序读 A/D 结果,并启动 ADC 0809 的下一次转换,外中断 1 采用跳沿触发。A/D 通道 0 地址为 0xfef0,依次读出 8 个通道的转换结果,存到外部 RAM 的 0x0000~0x0007 单元,程序如下:

```
    #include<reg51.h>
    #include<absacc.h>
    # define ADC 0xfef0         //定义ADC0809端口地址
    #define ADC data0x0000      ///定义数据缓冲器地址
    unsigned char i;
void main ()
    {
    i;=8;                       //ADC0809有8个模拟输入通道
    EA=1; EX1=1; IT1=1;         //开中断
    XBYTE[ADC]=i;               //启动ADC0809
    while (i);                  //等待8个通道A/D转换完毕
    }
void int1 () interrupt 2
```

```
{
    unsigned char tmp;
    tmp= XBYTE[ADC];        //读取 A/D 转换结果
      i--;
    XBYTE [ADCdata+i] =tmp;    //结果值存储到数据缓冲器
    XBYTE [ADC] =i;             //启动下一个模拟输入通道 A/D 转换
}
```

5. AT89S51 与 12 位 A/D 转换器 AD1674 的接口

某些应用中，8 位 ADC 常常不够，必须选择分辨率大于 8 位的芯片，如 10 位、12 位、16 位 A/D 转换器，由于 10 位、16 位接口与 12 位类似，因此这里仅以常用的 12 位 A/D 转换器 AD1674 为例介绍。

美国 AD 公司的 12 位逐次比较型 A/D 转换器 AD1674 转换时间为 $10\mu s$，单通道最大采集速率 100kHz。为 28 引脚双列直插式封装，其引脚如图 8-14 所示。

由于芯片内有三态输出缓冲电路，因而可直接与各种典型的 8 位或 16 位的单片机相连，AD1674 片内集成有高精度的基准电压源和时钟电路，从而使该芯片在不需要任何外加电路和时钟信号的情况下完成 A/D 转换，使用非常方便。

AD1674 是 AD574A/674A 的更新换代产品。它们的内部结构和外部应用特性基本相同，引脚功能与 AD574A/674A 完全兼容，可以直接替换 AD574、AD674 使用，但最大转换时间由 $25\mu s$ 提高到 $10\mu s$。

与 AD574A/674A 相比，AD1674 的内部结构更加紧凑，集成度更高，工作性能（尤其是高低温稳定性）更好，而且可以使设计板面积大大减小，因而可以降低成本并提高系统的可靠性。

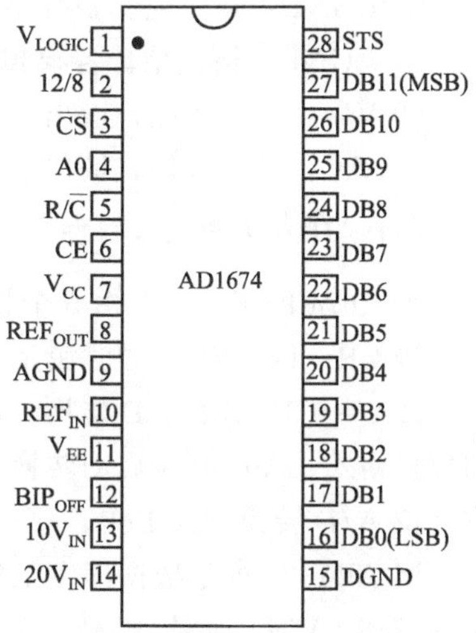

目前，片内带有采样保持器的 AD1674 正以其优良的性能价格比取代 AD574A 和 AD674A。

AD1674 共有 6 个控制引脚，功能如下。

① $\overline{CS}$：芯片选择。$\overline{CS}=0$ 时，芯片被选中。

② CE：片启动信号。当 CE=1 时，究竟是启动转换还是读取结果与 R/$\overline{C}$ 有关。

③ R/$\overline{C}$：读出/转换控制信号。

④ 12/$\overline{8}$：数据输出格式选择信号引脚。当 12/$\overline{8}$=1 时，12 条数据线并行输出转换结果；当 12/$\overline{8}$=0 时，与 A0 配合，转换结果分两次输出，即只有高 8 位或低 4 位有效。注意：12/$\overline{8}$端与 TTL 电平不兼容，故只能直接接至+5V 或 0V 上。

图 8-14 AD1674 引脚

⑤ A0：字节选择控制。在转换期间，当 A0=0 时，AD1674 进行全 12 位转换，当 A0=1 时，仅进行 8 位转换，在读出期间，与 12/$\overline{8}$=0 配合：当 A0=0 时，高 8 位数据有效；当 A0=1 时，低 4 位数据有效，中间 4 位为 0，高 4 位为高阻态。

采用两次读出的 12 位数据遵循左对齐格式，AD1674 的 5 个控制信号组合的真值表如表 8-4 所示。

表 8-4 AD1674 控制信号真值表

CE	$\overline{CS}$	$R/\overline{C}$	$12/\overline{8}$	A0	操作
0	×	×	×	×	无操作
×	1	×	×	×	无操作
1	0	0	×	0	启动 12 位转换
1	0	0	×	1	启动 8 位转换
1	0	1	+5V	×	允许 12 位并行输出
1	0	1	0V	0	高 8 位输出
1	0	1	0V	1	低 4 位+4 位尾 0 输出

⑥ STS：输出状态信号引脚。转换开始时，STS 为高电平，转换过程中保持高电平，转换完成时为低电平。STS 可以作为状态信息被 CPU 查询，也可用它的下跳沿向单片机发出中断申请，通知单片机 A/D 转换已完成，可读取转换结果。

除上述 6 个控制引脚外，其他引脚的功能如下：

① REF_{OUT}：+10V 基准电压输出。

② REF_{IN}：基准电压输入。只有由此脚把从 REFOUT 脚输出的基准电压引入到 AD1674 内部的 12 位 DAC，才能进行正常的 A/D 转换。

③ BIP_{OFF}：双极性补偿。对此引脚进行适当的连接，可实现单极性或双极性的输入。

④ $10V_{IN}$：10V 或 −5~+5V 模拟信号输入端。

⑤ $20V_{IN}$：20V 或 −10~+10V 模拟信号输入端。

⑥ DGND：数字地。各数字电路器件及"+5V"电源的地。

⑦ AGND：模拟地。各模拟电路器件及"+15V""−15V"电源地。

⑧ V_{CC}：正电源端，输出电压为+12~+15V。

⑨ V_{EE}：负电源端，输出电压为−12~−15V。

(1) AD1674 的工作特性

AD1674 的工作状态由 5 个控制信号（CE、$\overline{CS}$、$R/\overline{C}$、$12/\overline{8}$、A0）决定。

当 CE=1，$\overline{CS}$=0 同时满足时，AD1674 才能处于工作状态。当 AD1674 处于工作状态时，$R/\overline{C}$=0 时启动 A/D 转换，$R/\overline{C}$=1 时读出转换结果。$12/\overline{8}$ 和 A0 端用来控制转换字长和数据格式。A0=0 时启动转换，按完整的 12 位 A/D 转换方式工作；A0=1 启动转换，则按 8 位 A/D 转换方式工作。

当 AD1674 处于数据读出工作状态（$R/\overline{C}$=1）时，A0 和 $12/\overline{8}$ 成为数据输出格式控制端。$12/\overline{8}$=1 时，对应 12 位并行输出；$12/\overline{8}$=0 时，则对应 8 位双字节输出。其中 A0=0 时输出高 8 位，A0=1 时输出低 4 位，并以 4 个 0 补足尾随的 4 位。注意，A0 在转换结果数据输出期间不能变化。

如要求 AD1674 以独立方式工作，只要将 CE、$12/\overline{8}$ 端接入+5V，$\overline{CS}$ 和 A0 接至 0V，将 $R/\overline{C}$ 作为数据读出和启动转换控制端。$R/\overline{C}$=1 时，数据输出端出现被转换后的数据；$R/\overline{C}$=0 时，即启动一次 A/D 转换。在延时 0.5μs 后，STS=1，表示转换正在进行，经过一个转换周期后，STS 跳回低电平，表示 A/D 转换完毕，可读取新的转换数据。

注意，只有在 CE=1 且 $\overline{CS}$=0 时才启动转换，在启动信号有效前，$R/\overline{C}$ 必须为低电平，否则将产生读取数据的操作。

（2）AD1674 的单极性和双极性输入的电路

通过改变 AD1674 引脚 8、10、12 的外接电路，可使 AD1674 实现单极性输入和双极性输入模拟信号的转换。

① 单极性输入电路。图 8-15（a）为单极性输入电路，可实现输入信号 0～10V 或 0～20V 的转换。当输入信号为 0～10V 时，应从 $10V_{IN}$ 引脚输入（引脚 13）；输入信号为 0～20V 时，应从 $20V_{IN}$ 引脚输入（引脚 14）。输出的转换结果 D 计算公式为：

$$D = 4096 V_{IN}/V_{FS}$$

或

$$V_{IN} = D \cdot V_{FS}/4096$$

式中，V_{IN} 为模拟输入电压；V_{FS} 为满量程电压。

若从 $10V_{IN}$ 脚输入，$V_{FS}=10V$，LSB=10/4096≈24mV；若从 $20V_{IN}$ 脚输入，$V_{FS}=20V$，1LSB=20/4096≈49mV。图中的电位器 R_{P2} 用于调零。当 $V_{IN}=0$ 时，输出数字量 D 为全 0。单片机系统模拟地应与 9 脚 AGND 相连，使其地线的接触电阻尽可能小。

② 双极性输入电路。图 8-15（b）为双极性输入电路，可实现输入信号 -10～$+10V$ 或 0～$+20V$ 的转换。双极性输入时，转换结果 D 与模拟输入电压 V_{IN} 之间关系为：

$$D = 2048(1 + V_{IN}/V_{FS})$$

或

$$V_{IN} = (D/2048 - 1)V_{FS}/2$$

D 为 12 位偏移二进制码，把 D 的最高位求反便得到补码。补码对应输入模拟量的符号和大小。同样，从 AD1674 读出的或代入到上式中的数字量 D 也是偏移二进制码。

例如，当模拟信号从 $10V_{IN}$ 引脚输入，$V_{FS}=10V$，若读得 $D=$ FFFH，即 111111111111B=4095，可求得 $V_{IN}=4.9976V$。

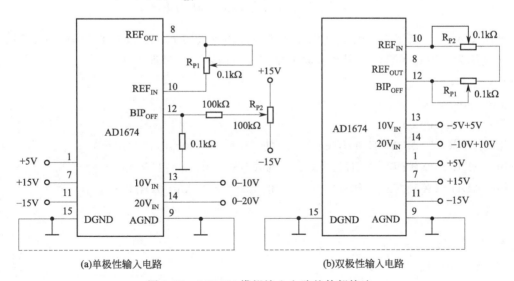

图 8-15　AD1674 模拟输入电路的外部接法

（3）AT89S51 单片机与 AD1674 的接口

图 8-16 为 AD1674 与 AT89S51 的接口电路。由于 AD1674 片内含有高精度的基准电压源和时钟电路，AD1674 无需任何外加电路和时钟信号即可完成 A/D 转换。

该电路采用双极性输入接法,可对 $-5\sim +5V$ 或 $-10\sim +10V$ 模拟信号进行转换。转换结果的高 8 位从 DB11~DB4 输出,低 4 位从 DB3~DB0 输出,即 A0 = 0 时,读取结果的高 8 位,当 A0=1 时,读取结果的低 4 位。STS 脚接单片机 P1.0 脚,采用查询方式读取转换结果。当单片机执行对外部数据存储器写指令,使 CE=1,$\overline{CS}$=0,R/$\overline{C}$=0,A0=0 时,启动 12 位 A/D 转换。

当单片机查询到 P1.0 引脚为低电平时,转换结束,单片机使 CE=1,$\overline{CS}$=0,A0=0,R/$\overline{C}$=1,读结果高 8 位;CE=1,$\overline{CS}$=0,A0=1,R/$\overline{C}$=1,读结果的低 4 位。

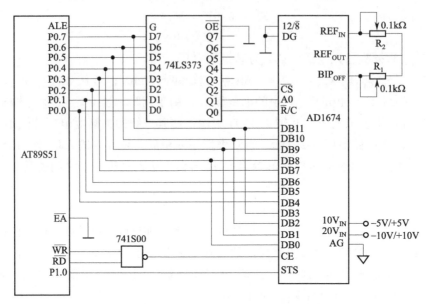

图 8-16 AD1674 与 AT89S51 的接口电路

利用图 8-15 电路完成一次 12 位 A/D 转换,用查询方式。程序中把启动 AD1674 进行一次转换作为一独立函数,调用此函数可得到转换结果。参考程序如下:

```
include<reg51.h>
#include<absacc.h>
#define unit unsigned int
#define ADCOM   XBYTE[0xff7c]     //使 CS*=0,A0=0,R/C*=0
#define ADLO    XBYTE[0xff7f]     //使 CS*=0,A0=1,R/C*=1
#define ADHI    XBYTE[0xff7d]     //使 CS*=0,A0=0,R/C*=1
sbit r=P3^7;
sbit w=P3^6;
sbit adbusy=P1^0;
unit AD1674(void)            // AD1674 转换函数
{r=0;                        // 产生 CE=1
w=0;
ADCOM=0;                     // 启动转换
   while(adbusy==1);         // 等待转换完毕
```

```
        return((unit)(ADHI<<4)+ ADLO&0x0f));     //返回 12 位转换结果
}
main( )
{   unit idata result;                //启动一次 A/D 转换,得到转换结果
    result=ad1674( );
}
```

上述程序是按查询方式设计的,图中 STS 引脚也可接单片机的外中断输入引脚 $\overline{INT0}$,即用中断方式读取转换结果。读者可自行编制采用中断方式读取转换结果的程序。

AD1674 接口电路全部连接完毕后,在模拟输入端输入一稳定的标准电压,启动 A/D 转换,12 位数据亦应稳定。如果变化较大,说明电路稳定性差,则要从电源及接地布线等方面查找原因。

AD1674 的电源电压要有较好的稳定性和较小的噪声,噪声大的电源会导致产生不稳定的输出代码,所以在设计印制电路板时,注意电源去耦、布线以及地线的布置,尤其对于位数较多的 ADC 与单片机接口,要给予重视。电源要很好滤波,还要避开高频噪声源。

【项目实施】

一、设计方案

数字电压表 DVM 采用数字化测量技术,能把连续的模拟量转换成不连续、离散数字形式并加以显示。本项目采用 AT89S51 单片机和 ADC0809 设计一个数字电压表,能够测量 0~5V 的直流电压值,用数码管显示,并通过虚拟电压表观察 ADC0809 模拟量输入信号的电压值。

根据设计要求及其功能分析,系统可分为 AT89S51 单片机主控模块、电源电路、时钟电路、复位电路、ADC0809 模数转换芯片、数码管显示电路等几个组成部分。其系统原理框图如图 8-17 所示。

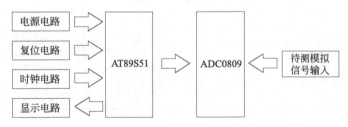

图 8-17 数字电压表系统原理框图

各模块说明:
① 主控模块采用 ATMEL 公司生产的 AT89S51 单片机作为系统的控制器。
② 数模转换模块使用 ADC0809 芯片。
③ 显示电路选用四位 8 段共阴极 LED 数码管实现电压显示。

用四位 8 段共阴极 LED 数码管实现电压显示。AT89S51 的 P0 口连接 ADC0809 的 D0~D7,P1 口接数码管段码,P2 口接数码管位选端。系统将数据采集接口电路输入的电压传入 ADC0809,把模拟信号转换为数字信号,通过 D0~D7 传送给单片机 P0 口,经过单

片机处理后送 4 位共阴极 LED 数码管，实现数据的动态显示。

二、硬件电路

图 8-18 为数字电压表系统硬件电路原理图。

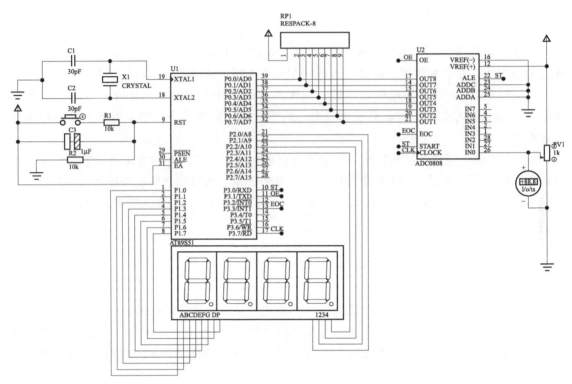

图 8-18　数字电压表系统硬件电路原理图

电路所需用仿真元器件见表 8-5。

表 8-5　电路所需用仿真元器件

元器件名称	标识	数量	元器件名称	标识	数量
单片机	AT89S51	1	A/D 转换器	ADC0808	1
晶振	CRYSTAL	1	共阴极四位数码管	7SEG-MPX4-CC-BLUE	1
电容	CAP	1	滑动变阻器	POT-HG	1
电解电容	CAP-ELEC	2	直流电压表	DC VOLTMETER	1
电阻	RES	7	排阻	RESPACK-8	1

三、Keil C51 源程序设计与调试

数字电压表系统设计源程序包含主函数 main()、A/D 转换及数据处理函数、数码管动态显示函数和延时子函数。

由于 ADC0809 的参考电压 $V_{REF}=V_{CC}$，所以转换之后的数据要经过数据处理，在数码管上显示出电压值。

A/D 转换及数据处理函数的功能是将 A/D 转换的 8 位二进制数（0x00～0xf）转换为 0.000～5.000V 的电压。当 ADC0809 输出为 00000000 时，输入电压为 0V；当 ADC0809

输出为 11111111 时，输入电压为 5V；当 ADC0809 输出为 10000000 时，输入电压为 2.5V。若输入电压为 V_i，A/D 转换结果为 $data$，则程序中其关系式为：$V_i = data \times 5/255$。

1. 创建项目

在 D 盘上建立一个文件夹 xm08，用来存放本项目所有的文件。启动"Keil uVision2 专业汉化版"进入 Keil C51 开发环境，新建名为"pro8"的项目，保存在 D 盘的文件夹 xm08 中。设置时钟频率为 12MHz，设置输出为生成 Hex 文件。

2. 建立源程序文件

单击主界面菜单"文件"—"新建"，在编辑窗口中输入以下的源程序。程序输入完成后，选择"文件"—"另存为"，将该文件以扩展名为 .c 格式（如 pro8.c）保存在刚才建立的文件夹（xm08）中。以下是简易数字电压表系统源程序。

```c
/***************简易数字电压表源程序 pro8.c****************/
#include<reg51.h>
#define uchar unsigned char
#define uint unsigned int
sbit ST=P3^0;                    //定义启动控制位
sbit OE=P3^1;
sbit EOC=P3^3;
sbit CLK=P3^7;                   //定义 EOC 状态位
uchar code table[]={0x3f,0x06,0x5b,0x4f,0x66,0x6d,0x7d,0x07,0x7f,0x6f};
uchar Vpp_data[4]={0};           //存放转换后数据的个、十、百、千位
/********************延时函数****************/
void delayms(uint k)             //定义延时子函数
  {
    uint i,j;                    //定义无符号变量
    for(i=0;i<k;i++)             //for 循环延时
       for(j=0;j<125;j++);
  }
/********************显示函数******************/
void Vpp_Disp()
{
        uchar i,w;
        w=0xf7;
        for(i=0;i<4;i++)
          {
             P2=w;
             if(i==3)
                P1=table[Vpp_data[i]]|0x80;     //显示小数点
             else
```

```c
            P1=table[Vpp_data[i]];
            delayms(1);
            w>>=1;
        }
}
/******************主函数******************/
void main()
{
    uint Addata;            //A/D 转换结果
    TMOD=0x02;              //T0 工作方式 2
    TH0=254;
    TL0=254;
    IE=0x82;                //开放中断
    TR0=1;                  //启动定时器 T0
    while(1)
      {
        ST=0;               //启动 A/D 转换器
        ST=1;
        ST=0;
        while(EOC==0);      //查询是否转换结束
        OE=1;
        P0=0xff;
        Addata=P0;
        Addata=Addata*19.6; //读取 P0 端口数据
        Vpp_data[3]=Addata/1000;
        Vpp_data[2]=Addata%1000/100;
        Vpp_data[1]=Addata%100/10;
        Vpp_data[0]=Addata%10;
        Vpp_Disp();         //转换显示电压值
        OE=0;
      }
}
/******************T0 中断服务子程序******************/
void Timer0_Int() interrupt 1
{
    CLK=~CLK;               //产生时钟信号
}
```

3. 添加文件到当前项目组中

单击工程管理器中"Target 1"前的"+"号,出现"Source Group1"后再单击,加亮后右击。在出现的快捷菜单中选择"Add Files to Group 'Source Group1'",在增加文件对话框中选择文件 pro8.c,单击"ADD"按钮,把 pro8.c 文件加入 Source Group1 组里。

4. 编译文件

单击主菜单栏中的"项目"—"重新构造所有对象文件"选项。如果编译出错,重新修改源程序,直至编译通过为止,编译通过后将输出一个以 HEX 为后缀名的目标文件。

四、Proteus 仿真

用 Keil uVision2 和 Proteus 软件实现联合程序调试并仿真。

1. 新建设计文件

运行 Proteus 的 ISIS,进入仿真软件的主界面,执行"文件"—"新建设计"命令,弹出对话框,选择合适的模板(通常选择 DEFAULT)。单击主工具栏的保存文件按钮,在弹出的 Save ISIS Design File 对话框中,选择保存目录(D:\xm08),输入文件名称,例如 sj08,保存类型采用默认值(.DSN)。单击保存按钮,完成新建工作。

2. 绘制电路图

放置元器件、电源和地(终端),进行电路图连线和电气规则检查。由于 Proteus 软件中不提供 ADC0809 仿真功能,故用兼容芯片 ADC0808 代替仿真。

3. 电路仿真

把在 Keil uVision2 中编译成的 .Hex 文件加载到 Proteus 的单片机中,按下仿真按钮,改变电位器的值,仿真结果如图 8-19 所示。

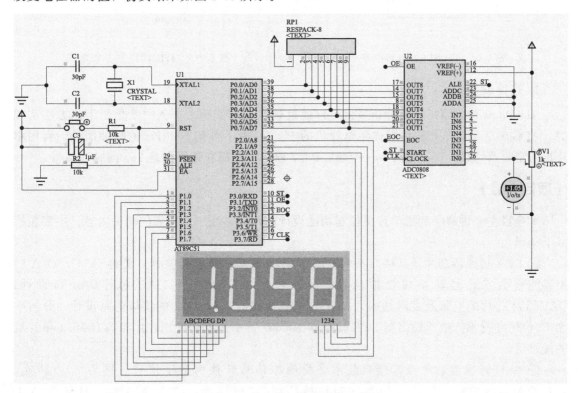

图 8-19 数字电压表设计仿真结果

【拓展与提高】

ADC0809 在进行 A/D 转换时需要有时钟信号，其内部没有时钟电路，所需时钟信号由外界提供，因此有时钟信号引脚 CLOCK。ADC0809 通常使用频率为 500kHz 的时钟信号。一般产生时钟信号的方法有两种：硬件分频和软件编程。

1. 硬件分频

由于单片机 ALE 引脚以 1/6 时钟频率的固定频率输出脉冲，所以在 ALE 端可以通过分频连接 CLOCK 提供 ADC0809 芯片的工作时钟信号。我们采用单片机的时钟频率是 12MHz，而 CLOCK 提供的频率是 2MHz，大于规定的最大值 640kHz，因此需要对 ALE 输出进行 4 分频，此时 ADC0809 的工作频率是 500kHz，能够可靠工作。

硬件可以采用芯片 74LS74 和 74HC4017 完成。图 8-20 和图 8-21 分别是 74LS74 四分频电路和 74HC4017 四分频电路。

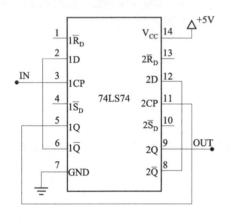
图 8-20　74LS74 四分频电路

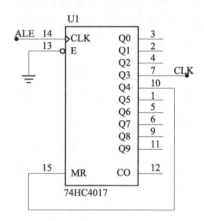
图 8-21　74HC4017 四分频电路

2. 软件编程

ADC0809 的 CLOCK 脉冲信号也可以通过软件编程实现。本例中就是使用此方法实现的。ADC0809 的 CLOCK 引脚连到单片机的 P3.7，为了得到 500kHz 的脉冲信号，利用单片机的定时/计数器 T0，定时 1μs 中断，P3.7 取反，从而获得周期是 2μs 的脉冲信号。

【项目小结】

本项目主要讲解了利用单片机控制功能设计制作简易数字电压表的相关内容。主要包括以下知识。

① D/A 转换器芯片及其接口技术。D/A 转换器又称数模转换器，简称 DAC。D/A 转换器能将数字信号转换成模拟信号。具体包括 AT89S51 与 DAC 芯片的接口设计、DAC0832 芯片的引脚及逻辑结构、AT89S51 单片机与 DAC0832 的接口电路设计、分辨率为 12 位的并行输入电压输出型 D/A 转换器 AD667 的引脚及功能、芯片与 AT89S51 单片机的接口等。

② A/D 转换器芯片及其接口技术。将模拟信号转换为数字信号，称为 A/D 转换。将模拟量转换成数字量信息的器件叫作模拟/数字转换器，简称 ADC。具体有 A/D

转换器的分类、A/D 转换器的主要技术指标、A/D 转换器的选择、51 单片机与 ADC 0809（逐次比较型）的接口、ADC0809 逐次逼近式 8 位 A/D 转换器的引脚及功能、美国 AD 公司 12 位逐次比较型 A/D 转换器 AD1674 芯片的引脚功能、与 AT89S51 单片机的接口等。

③ 时钟信号的产生。产生时钟信号可以通过硬件分频和软件编程两种方法实现。

④ 简易数字电压表系统分析与实施。用 Keil uVision2 和 Proteus 软件实现联合程序调试并仿真。

【项目训练】

一、选择题

1. D/A 转换器的主要参数有____、转换精度和转换速度。
   A. 分辨率　　　B. 输入电阻　　　C. 输出电阻　　　D. 参考电压

2. 8 位 D/A 转换器当输入数字量只有最低位为 1 时，输出电压为 0.02V，若输入数字量只有最高位为 1 时，则输出电压为____V。
   A. 0.039　　　B. 2.56　　　C. 1.27　　　D. 都不是

3. 为使采样输出信号不失真地代表输入模拟信号，采样频率 f_s 和输入模拟信号的最高频率 f_{Imax} 的关系是____。
   A. $f_s \geq f_{Imax}$　　　B. $f_s \leq f_{Imax}$　　　C. $f_s \geq 2f_{Imax}$　　　D. $f_s \leq 2f_{Imax}$

4. 将一个时间上连续变化的模拟量转换为时间上断续（离散）的模拟量的过程称为____。
   A. 采样　　　B. 量化　　　C. 保持　　　D. 编码

5. 用二进制码表示指定离散电平的过程称为____。
   A. 采样　　　B. 量化　　　C. 保持　　　D. 编码

6. 将幅值上、时间上离散的阶梯电平统一归并到最邻近的指定电平的过程称为____。
   A. 采样　　　B. 量化　　　C. 保持　　　D. 编码

7. 在 D/A 转换电路中，当输入全部为"0"时，输出电压等于____。
   A. 电源电压　　　B. 0　　　C. 基准电压　　　D. 任意电压

8. 在 D/A 转换电路中，数字量的位数越多，分辨输出最小电压的能力____。
   A. 越稳定　　　B. 越弱　　　C. 越强　　　D. 不确定

9. 在 A/D 转换电路中，输出数字量与输入的模拟电压之间____关系。
   A. 成正比　　　B. 成反比　　　C. 无　　　D. 相等

10. 集成 ADC0809 可以锁存____模拟信号。
    A. 4 路　　　B. 8 路　　　C. 10 路　　　D. 16 路

二、填空题

1. A/D 转换器的作用是将____量转为____量，D/A 转换器的作用是将_____量转为_____量。就实质而言，D/A 转换器类似于译码器，_____类似于编码器。

2. A/D 转换器的三个最重要指标是_____、_____和_____。

3. 从输入模拟量到输出稳定的数字量的时间间隔是 A/D 转换器的技术指标之一，称为_____。

4. 若 8 位 D/A 转换器的输出满刻度电压为+5V，则该 D/A 转换器的分辨率为_____。

5. ADC0809 芯片是_____路模拟输入的_____位 A/D 转换器。

6. 10 位 A/D 转换器的分辨率是_____，基准电压为 5V 时，能分辨的最小电压变化是_____。

7. 使用双缓冲同步方式的 D/A 转换器，可实现多路模拟信号的_____输出。

8. 电压比较器相当于 1 位_____。

9. A/D 转换的过程可分为_____、保持、量化、编码 4 个步骤。

10. 就逐次比较型和双积分型两种 A/D 转换器而言，_____的抗干扰能力强，_____的转换速度快。

三、简答题

1. 若 ADC0809 芯片的 $U_{REF}=5V$，输入模拟信号电压为 2.5V 时，A/D 转换后的数字量是多少？若 A/D 转换后的结果为 60H，输入的模拟信号电压为多少？

2. D/A 转换器的主要性能指标都有哪些？设某 DAC 为二进制 12 位，满量程输出电压为 5V，试问它的分辨率是多少？

3. A/D 转换器两个最重要的指标是什么？

4. 分析 A/D 转换器产生量化误差的原因，一个 8 位的 A/D 转换器，当输入电压为 0~5V 时，其最大的量化误差是多少？

5. 目前应用较广泛的 A/D 转换器主要有哪几种类型？它们各有什么特点？

6. 在 DAC 和 ADC 的主要技术指标中，"量化误差""分辨率"和"精度"有何区别？

四、设计题

1. 在一个由 AT89S51 单片机与一片 ADC0809 组成的数据采集系统中，ADC0809 的 8 个输入通道的地址为 7FF8H~7FFFH，试画出有关接口的电路图，并编写每隔 1 分钟轮流采集一次 8 个通道数据的 C51 程序，共采样 50 次，其采样值存入片外 RAM 的以 2000H 单元开始的存储区中。

2. 用单片机和 DAC0832 设计一个三角波发生器，其周期和幅度可调。

参考文献

[1] 高玉芹. 单片机原理与应用及 C51 编程技术. 北京：机械工业出版社，2011.
[2] 杨打生，宋伟. 单片机 C51 技术应用. 北京：北京理工大学出版社，2011.
[3] 刘成尧. 项目化单片机技术综合实训. 北京：电子工业出版社，2013.
[4] 朱清慧. Proteus 教程. 北京：清华大学出版社，2008.
[5] 王静霞. 单片机应用技术（C 语言版）. 北京：电子工业出版社，2015.
[6] 瓮嘉民，等. 单片机典型系统设计与制作实例解析. 北京：电子工业出版社，2014.
[7] 王东锋，等. 单片机 C 语言应用 100 例 . 2 版. 北京：电子工业出版社，2013.
[8] 陈海松. 单片机应用技能项目化教程. 北京：电子工业出版社，2012.
[9] 朱清慧，张凤蕊，翟天嵩，等. Proteus 教程—电子线路设计、制版与仿真 . 3 版. 北京：清华大学出版社，2016.
[10] 孟凤果. 单片机应用技术项目式教程（C 语言版）. 北京：机械工业出版社，2018.
[11] 王文海. 单片机应用与实践项目化教程. 北京：化学工业出版社，2010.
[12] 朱蓉. 单片机技术与应用（C 语言版）. 北京：电子工业出版社，2016.
[13] 周兴华. 手把手教你学单片机 C 程序设计 . 2 版. 北京：北京航空航天大学出版社 . 2014.
[14] 吴政江，张定祥. 单片机原理及应用（基于 C 语言）. 北京：化学工业出版社，2017.